为以
因精致所最美

做林徽因一样的女人

杨冬儿 著

台海出版社

图书在版编目（CIP）数据

因为精致所以最美：做林徽因一样的女人 / 杨冬儿著.
—北京：台海出版社，2015.10
ISBN 978-7-5168-0731-6

Ⅰ.①因… Ⅱ.①杨… Ⅲ.①女性—修养—通俗读物
Ⅳ.①B825-49

中国版本图书馆 CIP 数据核字（2015）第 226250 号

因为精致所以最美：做林徽因一样的女人

著　　者：杨冬儿

责任编辑：阴　鹏　　　　　　　装帧设计：一个人·设计
责任印制：蔡　旭

出版发行：台海出版社
地　　址：北京市朝阳区劲松南路 1 号，邮政编码：100021
电　　话：010－64041652（发行，邮购）
传　　真：010－84045799（总编室）
网　　址：www. taimeng. org. cn/thcbs/default. htm
E-mail：thcbs@126. com

经　　销：全国各地新华书店
印　　刷：北京中印联印务有限公司
本书如有破损、缺页、装订错误，请与本社联系调换

开　本：880×1230　1/32
字　数：161 千字　　　　　　　印　张：9
版　次：2015 年 11 月第 1 版　　印　次：2015 年 11 月第 1 次印刷
书　号：ISBN 978-7-5168-0731-6

定　价：35.00 元

前　言

　　某个夏日午后，阳光晒得人慵懒且疲倦，躲一处僻静角落，捧一册诗集，默默品读，眉宇之间忽然蚀骨清凉。

　　一支笔，一本书，一杯茶，恍惚间梅雨荷风、烟水迷离，一位手执油纸伞的民国女子翩然出现在眼前，美目盼兮、巧笑倩兮，亭亭玉立，翩翩神韵犹如天空之中落下的一阵轻灵。

　　在诸多泛黄的老照片与斑驳的旧文字中寻找伊人的点点滴滴，作为家喻户晓的民国才女、近代著名建筑师、诗人、作家，人民英雄纪念碑和中华人民共和国国徽深化方案的设计者，林徽因身上有太多值得你我去探究的智慧。在纷纷扰扰的年月中，她一直我行我素、按部就班地过着自己想过的生活，追求着自己心中美好的愿景，与纷扰无关，与羁绊无关。她犹似一池美丽脱俗的粉荷，立在盈盈碧水之中，开着圣洁典雅的花朵，饮清露、汲月华，兀自芬芳别样美。

林徽因一生之中对待爱情、亲情、友情观点与看法，对生活、事业以及信仰的坚持和追求值得我们虔诚的学习与铭记。于是，临窗，品读着关于这个智慧女子的点点滴滴，犹如品一帖墨香袭人的小楷字迹，心在炎热的午后变得清宁起来，抬眼望去，窗外飘过一朵悠悠白云，正以一种闲适自由的姿态自眼帘处淡淡飘过。

由衷向往做一个像林徽因那样的精致女子，该是多么美好。

目录 | Contents |

第一章 心如简，且将一切删繁

佛说：「信心清静，乃生实相。」只有戒除浮躁，心如止水，才能看清万物的本来面目，才能获得真实而甘美的人生。

当初春的阳光柔柔洒落尘裹，在杭州蔡官巷林家宅院里的小小院落间，满院摇曳着的，尽是林徽因绿色的童年与粉色的青春。

"独特"之美，

不与人苟同，皆因自认是最独特的星星

1904 年 6 月 10 日，一声婴儿清亮的啼哭打破了林家宅院原本燥热的宁静。

太守林孝恂的长子林长民与太太何雪媛结婚八年后的第一个孩子出世了。

弄瓦之喜，自当得取个精雕细琢的好名字。

"思齐大任，文王之母，思媚周姜，京室之妇。大姒嗣徽音，则百斯男。"

作为光绪己丑年（1889 年）进士、饱读诗书的林家老太爷信手拈来便吟诗论据为孙女起名"徽音"。

但是当年的"徽音"还尚未是后来的"徽因"。

那些年，人们一直唤她做"徽音"，一直到20世纪30年代初，她时常有作品发表在各类报刊之上，却常常被报纸杂志将她与另一位同样叫作"林徽音"的男性作者的名字混淆，当年的《诗刊》还曾经为此专门发过声明。因此，她决定将自己"徽音"的名字改为"徽因"。

这是一种不与人苟同的独特。心怀独特，总是坚持自己想法、贯彻自己想法的女人，无论在哪个时代都显得那么的显眼美丽。

当时的她说："我倒不怕别人把我的作品当成了他的作品，我只怕别人把他的作品当成了我的。"

话语之中，自然流露出她独有的傲气，她相信自己的独特，且不愿泯然于众人之间，与其默默地湮没在人群之间，她更愿意做池塘中央亭亭玉立的莲花，不屈就、不妥协，不逢迎、不诏媚。

人生在世最关键就是要懂得看重自己，唯有这样才能发现自己的优点，才能保持自己的特性，才能做个充满自信的人，做个独一无二的自己。

无疑，林徽因是格外珍视自己的。

恰恰因为人在红尘，唯有先喜欢自己、珍视自己，才会被别人所喜欢。所以喜欢自己的人的身上必定散发着自信、自爱的美好气息，这种由内而外的精彩，会无声地吸引着周围的人。

像林徽因这样懂得喜欢自己的女人是最美的。懂得喜欢自己的女人明白应该先把自己当作独一无二的个体，应该如何去完美巧妙地接受自己的特点以及缺陷。这样的女人不会因为别人的美丽而自惭形秽，也不会因为别人的缺点而趾高气扬。

就如她所说的那句诗：

你是一树一树的花开，

是燕在梁间呢喃，

——你是爱，是暖，

是希望，你是人间的四月天！

洞悉幸福
宁静之下的暗涌，做心境明澈的自己

　　每一个人都拥有属于自己的记忆，掩藏在心底深处，如梦似幻。明明开始不着痕迹，但其实内里的真相只有自己看得清楚。真相永远是沉在心湖水底记忆的倒影。

　　比如对某一个人、某一段感情或者某一件事，有的时候，我们会觉得了解真相是很残忍的一件事，仿似将自己不愿暴露的伤口生生爆开一般的疼痛。其实不然，倘若你真能如林徽因一般的敏感聪慧，善于洞悉那些掩藏在幸福宁静之下的暗涌，在纷纷扰扰的俗世红尘之中做心境明澈的女人，何尝不是一大乐事？

　　掐指一算，从民国走来的才女如冰心、林淑华、庐隐、苏雪

林等等，都是出身名门的千金小姐，这样高贵身份，给她们的形象增添了无数的传奇色彩。

原籍福建闽侯的林徽因也不例外。书香门第，是对此最好的概括。

林徽因的祖父林孝恂字伯颖，为光绪十五年（1889）进士，授翰林院编修，一直在浙江为官，历任金华、石门、仁和、孝丰知县和海宁知州。在任期间，他创办了养正书塾、蚕桑职业学堂，是清朝末年创办新学的先驱之一。

林孝恂有五女二男七个孩子，林徽因的父亲林长民是长男。林孝恂很注重林家子侄辈的教育问题，他在杭州家中设立了家塾专门教导林家的晚辈们。家塾分国学、新学两斋，国学延请林纾为主讲，新学延请林白水为主讲。正是因为有这样注重教育的一家之主，林徽因的父亲、叔叔和姑姑们从小便打下了深厚的国学根基，并受到了新学的启蒙。

自打林徽因记事起，古朴的林家宅院总是如此的深深几许，江南底蕴、青瓦灰墙、前尘往事、冷暖交替。只有那窝依恋着老木楼的燕子久久不肯飞离，它们口中唱着婉转的歌，它们翅膀上凝结着满满的尘埃，灵巧地绕过屋檐上悬挂着的蛛丝网，穿越菱形镂花的木门，兀自飞远。

远去的燕子，在林徽因的眼中就好似自己那常年不在家中的父亲。自从两岁那年，父亲赴日本留学开始，林徽因与母亲便跟着祖父母一起生活。

林长民时常会从日本寄信回家。但是，这些信笺几乎都是写给林徽因的祖父母的，他在信中抨击时弊、谈论政治、抒发抱负、忧国忧民，却唯独很少提及女儿林徽因和妻子何雪媛。即便是有，也是在信之末尾略略粗浅地一笔带过，一句问候，仅此而已。

对于这位饱读诗书，气质儒雅，善诗文、工书法、懂翻译又远赴东洋求学的父亲，林徽因是心怀崇敬的。她心里明白，拥有这样心怀壮志且学识丰富的父亲，是众多世人所羡慕的事情，但是崇敬却终究抵不过油然而生的陌生感。

在幸福宁静的表象之下，父亲的怀抱成了小小林徽因心目之中可望而不可即的"海市蜃楼"。

时光匆匆如白马，一过隙便以不可追赶的姿态飞奔。一转眼间，林徽因已经脱去了童年的稚气，出落成姿容秀丽的美好少女了。

与表姐们一起进入"培华女子中学"读书的林徽因梳着两条细细长长的辫子，稍稍一笑，脸颊上便会出现两个深深的酒窝。这个时期的她个子长得特别快，只是因为自幼多病的缘故，此时的她远远望去倒像是一株池塘边上种落的纤纤嫩柳随风摇曳，纤弱、细腻、柔美又略带几分让人怜惜不已的青涩。

那日，经一番努力，终于找到那张林徽因身着培华女中校服与表姐们一起在相馆照的合影。

林家的女孩，因为有优裕的生活以及良好的教养，所以气质俱佳，美丽大方、文雅出众。不难想象，在那样一个风和日丽的周日，当几个青春可人、落落大方的林家少女身着培华女中从五四时代女学生装改良而来的新校服并排从街道走过的场景：中式的偏襟立领琵琶扣圆摆上衣，西式的及膝百褶裙，深色丝袜，黑色带襻儿皮鞋。新式的校服典雅秀丽之中又有种西洋的派头，衬着女孩们温文尔雅的气质，定当美好如同朝阳之中开放出来的花儿一般。那一时街上的路人定当会被女孩美好的青春气质所吸引吧？他们定当会慢下脚步驻足观赏，他们定当会感叹，这些个女孩的生活该是多么的幸福甜蜜，令人由衷向往啊。

然而，谁也不知道的是，此时的林徽因表面上是活泼快乐开朗天真，但心中却永远有一个解不开的心结。

这个心结如同双丝网一般的繁复，让她久久的困惑，久久的矛盾与纠结。

其实说到底，一切的烦恼，皆源自内心的细腻，有时候难免会引人感叹，究竟是好是坏？但且不妨回过头来细想，与其活在自以为是的境界之中固步自封地认为自己很幸福，还不如用一双慧眼将现实中的暗涌看穿，最起码你还留存一份潇洒，一份面对现实、接受现实并且能够把握住自己下一步路该怎么走的主动权。

人生难免会有

不如意的时候，因为宽容所以拥有更多

　　人生路上，你试过遭遇失败、挫折、不如意吗？肯定是有的。我们都是凡夫俗子，不如意事常八九。只是遭遇了不如意的你会选择一种什么心态去面对呢？逃避？纠结？还是觉得自己耿耿于怀甚至生无可恋？

　　其实诸如此类的事情，少女时代的林徽因也遭遇过，你可知她又是如何自处的么？

　　1937年4月18日，已成文坛颇有名气和影响力的女诗人的林徽因在《大公报》文艺副刊上发表了一篇名为《绣绣〈模影零篇四〉》的小说。小说之中所描绘的凄惨哀婉的故事，或许可以从某一个角度反映出少女时代的林徽因的点滴心绪。

且容许我很冒昧地将林徽因编撰的这个故事与她少女时代的际遇进行对比。

在虚构的故事之中，乖巧俊秀的女孩绣绣生活在一个并不幸福的家庭，懦弱无能、狭隘多病的母亲；多情但寡淡，又娶了新姨娘生了小孩子的父亲；女孩绣绣就这么整日挣扎在父亲母亲无穷无尽的争执吵闹之中，挣扎在没有温情、爱怜但却矛盾与仇恨丛生的亲人之间，终究郁郁寡欢患病而死。

在现实的故事之中，美丽聪慧的少女林徽因彼时也活在矛盾纠结之中。林徽因所就读的培华女子中学是一所全外籍教师英语授课的由英国教会主办的学校，学校有严格的校规管理，学生平时全是内宿住校的，唯有星期天才能回家。在学校的时候，林徽因无时无刻不在盼着能回到家中，与父亲母亲见面。但是每次好不容易盼到星期天回到家中，她又有说不出的沮丧、失落和压抑，因为从很小的时候开始，林徽因就知道父亲其实并不喜欢母亲。而母亲因此也承受了不为常人所知晓的苦楚，人前强颜欢笑，人后珠泪暗洒是常常有的事情。

一切的因缘际遇冥冥之中早已注定。

林徽因的母亲何雪媛是浙江嘉兴一个开着小作坊商人家的典型小家碧玉，十四岁的青葱年华嫁给了林长民做二太太。虽说是二太太，但林长民的原配叶氏早已病逝且无留下一儿半女，所以二太太说到了底也是和原配没有什么差异的，只可惜何雪媛同林长民没有任何共同语言可说。不止没有，甚至还格格不入。不单如此，一个没有受过教育的旧式女人，既不懂琴棋书画又不善操持家务，何雪媛在书香四溢的林家里头是丝毫找不到自己存在的位置的，所以，她既得不到丈夫的怜爱，又得不到婆婆的欢心，煎熬在两个世界、水火不相容的两重天之中孤立无援，何雪媛的性格也慢慢变得暴躁起来，终日喜怒无常。

她常常会无缘无故便冲着林徽因发脾气，过后又后悔得哭断了肠，这样的无常，让林徽因有些手足无措。她心里头交集着对父母又爱又恨的复杂情愫。她爱父亲，却又埋怨他对母亲的寡淡无情；她爱母亲，又恨她无休无止的抱怨与嗟叹。

多年之后，在林徽因虚构的故事结尾，她以绣绣的小朋友"我"的口吻写道："……那时我对绣绣的父母俩人都恨透了，恨不得要同他们说理，把我所看到各种的情形全盘不平地倾吐出来，叫他们醒悟，乃至于使他们悔过。却始终因为自己年纪太小，他们的情形太严重，拿不起力量，懦弱地抑制下来。但是当我咬着牙毒恨他们时，我悟到此刻在我看去无疑问的两个可憎可恨的人，却是那温柔和平的绣绣的父母。我很明白即使绣绣此刻有点恨着他们，但是缔结在绣绣温婉的心底的，对这俩人到底仍是那么不可思议的深爱！"

是的，这就是"宽容"。

"人有悲欢离合，月有阴晴圆缺，此事古难全。"人世间的悲欢离合好比天上月亮的阴晴圆缺，一切全出于自然，其中自有永恒不变的真理蕴藏，好似一只无形的手在暗自翻雨覆雨，但是也恰恰因此把世界点缀演绎得更加的多姿多彩、多色多味。林徽因明白，生活并非一位温文尔雅的智者，生活总是会在带给人们欢笑快乐的同时也带给人们烦恼与痛苦。这时，千万不要去抱怨，人本无完美，更何况生活与际遇？所以她说："即使在幽冷的山泉底、在黑夜、在松林，叹息似的渺茫，你仍要保持着那真！"学会感恩、原谅与宽容，才是女子一生最明智的选择。

纷繁芜杂随它吧，

冷暖自知干净如始

　　人生于世，就像航行在汪洋中的一艘船，有时是一帆风顺的平稳辽阔，有时是风高浪急的起伏跌宕。从来自然天成，由不得你随心选择。你必须懂得的是，虽然自己选择不了命运、决定不了际遇，但是面对纷繁芜杂、起伏跌宕的人生，你完全可以闲看花开，静待花落，冷暖自知，干净如始。

　　当年林徽因离开了杭州古城便一再的迁徙，一段与前不同的历程也自此拉开了帷幕。

　　带着江南水乡的灵秀，带着栀子花开的清雅，带着西湖水畔的薄烟几经辗转来到了北京这座尊贵的皇城。年少不知彼岸荒凉，不懂这一场迁徙便是一首再不能重回的诀别诗。

与历史密不可分的沧桑与沉重让北京城始终保持着独特的生活节奏与模式，在这座偌大的城中，初晓人事的林徽因觉得自己仿佛是一粒微尘，兀自的存在，从未曾有人在意过。

仅仅只是短短的几年，世事、家道早已更改，祖父、祖母已然去世经年，就连曾经最爱在徽因姐姐膝下撒娇玩耍的小妹麟趾也已安眠在另一个世界中。

身边的人际关系日渐复杂，母亲何雪媛和二娘程桂林之间的波涛暗涌让家仿似成了一个需要时时小心的战场，再不见往时的宁静与安逸，林徽因夹杂在其中徒劳无奈，心中油然生出一层无法抹去的忧郁。

虽然敏感多愁，可是她并没有选择颓废，而是坚强地将一切不快乐摒弃在途中。给自己梳一个大方爽朗的发型、穿一件漂亮明丽的衣裳，尽了全力地把家打扫干净……或许这时的她尚做不出什么大事，但是不管面对什么且让自己的脸上始终保持一个从容乐观的微笑，却是她对自己最为简单的要求。

若得清闲便读书，书中晴空万里、花香盎然，在这个仿似世外桃源的世界中，林徽因暂时地忘却了没有硝烟的你争我夺，放下了林家长女的身份，这时的她仅仅是单纯的自己。

你要知道这个世上，很多事情当真无法单凭个人的力量就能克服解决，面对无奈，与其纠结，不如超脱。心有多宽快乐就有多少，一个泯然自得女子往往更为人所注意、爱护、珍惜。

谦谦笑容、明丽容貌、温婉大方、知书达理，把当年的林徽因选为"培华女子学校"的校花，一点都不为过。阳光明媚的学校、知识渊博的老师、单纯友好的同学，林徽因抛开了身在夹缝的郁闷。

因为学会淡然，因为早早就领会了大家庭中的人情世故，因为天资聪慧，林徽因也渐渐成为父亲林长民最喜欢的女儿，在林长民的眼里，林徽因驯良、晓理，甚至有的时候，林长民会无法自拔地把女儿当成同辈的伙伴与知己，常常在书信往来之中对她吐露心声。

或者你会说，人生在世，忧虑的那么多，超脱又谈何容易？

请记住，世上没有任何事情是值得忧虑的，你可以让自己的一生在对未来的忧虑中度过，然而无论你多么忧虑，甚至因此而伤了自己，你却终究无法改变现实。

淡然才是最好的解脱。

心怀积极常态，
纵使风雨也安然

　　从很多的例子不难看出，越是成功卓越的女人常常越会活得充实、自在、潇洒，而恰恰相反，越是失败平庸的女人则越过的空虚、艰难、忧郁。两种截然不同的女人，两种截然不同的人生际遇，为什么呢?

　　林徽因的一生，承受过一般女人所难以承受的轻，也承受过一般女人所无法承受的重；既耐得住学术研究的寂寞与漂泊生活的艰辛，也享受了繁华红尘中至多的尊贵。这样大起大落、精彩纷呈的一生，写满了传奇。稍微仔细地想想，你或者就会发现，一份积极乐观、热情向上的心态，便是她一生奋斗不息的源源动力。

时至今日，在一些人的记忆中，在一些书籍寥落依稀的记录间，人们还一直记得某一个姹紫嫣红的人间四月之中那个纤弱但却才情横溢的背影。

北总布胡同三号，一座典型的北京四合院。林徽因和梁思成夫妇经常在星期六下午与众多学者以及文化精英齐聚在这里，吃茶聊天、谈论文学美事与天下政事。

思维敏捷的林徽因特别擅长引领话题，极具亲和力和感染力。她与大家一起谈论的话题既有思想深度，又有社会广度；既有学术理论高度，又有强烈的现实针对性，谈古论今皆成学问。正因为这样，所以这个聚会的名气在当时越来越大，渐成气候，形成了那一个年代北京最出名的文化沙龙，人们称之为"太太的客厅。"这个具有国际俱乐部特色的"客厅"，曾令当时许多知识分子、文化青年心驰神往。

给我印象最深刻的记录，莫过于当年某一个星期六的午后，林家客厅来了两张年轻的面庞，一位是客厅的常客沈从文，当时已是蜚声文坛的青年作家；另一位男子则显得有些陌生，大约二十出头的年纪，微微泛红的脸上，还带着青春的稚气，他穿着一件洗得干干净净的蓝布大褂，一双打得油光闪亮的旧皮鞋。

沈从文向大家介绍说："这位是萧乾，燕京大学新闻系三年级学生。"

"啊！我知道，是《蚕》的作者！"林徽因热情大方的致意，并亲手为他们倒上浓浓地热茶。

林徽因的大方与热情，让萧乾颇为意外。因为他早已听沈从文说，其时林徽因的肺病已经相当严重，本来以为他会躺在床上以一副病恹恹的姿态见客，可是没想此时看到的林徽因，竟然穿着一套骑马装，潇洒爽朗，即使脸上还带着一点病容，可精神却奕奕饱满。

萧乾一直记得林徽因对他说过的话："你的《蚕》我读了好几遍，刚写小说就有这样的成绩，真不简单！你喜不喜欢唯美主义的作品？你小说中的语言和色彩，很有唯美主义味道。"

萧乾一直记得那整个下午，林徽因一直在屋子里头来回走动着，脸庞因为兴奋而微微潮红。

多年以后的他每次回想起当年的会面，都会有很深很深的感触和怀念：

"几天后，接到沈先生的信（这信连同所有我心爱的一切，一直保存到 1966 年 8 月），大意是说，一位聪明绝顶的小姐看上了你那篇《蚕》，要请你去她家吃茶。星期六下午你可来我这里，咱们一道去。那几天我喜得真是有些坐立不安。……那是我第一次见到林徽因。如今回忆起自己那份窘促而又激动的心境和拘谨的神态，仍觉得十分可笑。然而那次茶会就像在刚起步的马驹子后腿上，亲切地抽了那么一鞭。"

我们都知道，在那样的一个年代，医学尚未如今日这样的发达，肺病是可大可小的一种疾病，不像今天偶尔犯上一场小感冒那般简单。是什么支撑着林徽因保持如此的动力与乐观的心态，使她在别人眼中，毫无半点病人该有的病态呢？

其实很简单——积极的心态！

很多时候，在方向正确的前提下，一位成功的人与一位不成功的人的基本区别往往就在于心态不同上。

每逢失败，我们常常不由自主地把原因归咎于所谓的客观环境、能力、机遇等等，带三分怨天尤人。我们往往不肯坦诚地承认，自己之所以没能取得成功、之所以会遭遇失败，全由自己的心态所决定。

关于心态的意义，美国成功学学者拿破仑·希尔就说过："人与人之间只有很小的差异，但是这样很小的差异却造成了巨大的差异！很小的差异就是所具备的心态是积极的还是消极的，巨大的差异就是成功和失败。"

积极的心态创造人生，消极的心态消耗人生。这一点上，我由衷庆幸对于自己的病情，林徽因一直保持着一份积极乐观的心态。正因为如此，病魔似乎没能给她带来如何严重的打击，反而让林徽因的生命更增添了许多灿烂的阳光和雨露，滋润着她一颗纷繁而至的心灵。

所以，在如何选择自己心态这个问题前面，每一个女人都该为自己认真地好好思量，选择了积极的心态，就等于选择了成功的希望；选择了消极的心态，就注定要走入失败、颓废的沼泽。

心怀积极常态，纵使风雨也安然。

你我均需时刻铭记。

为自己的初心而坚持，
是种令人叹服的美德

　　"真"是一切美的基础与前提，是一个女人魅力最重要的组成部分。真实、真诚、真心，只要你能让自己真正具备这样的几个特质，在众人眼中，你就将如棉布般拙朴；如山风般清新扑面；如山野里漫天遍地的野花，自由自在、无拘无束，在应该开花的时候开花，在应该结果的时候结果，在必须凋谢的时候凋谢，不矫柔不造作，不忸怩不作态，自自然然，以自己最初、最美好的状态，无时无刻呈现一份自然地、未经雕琢的美。别人欣赏也好、忽视也罢，你都无须介意，只是一直快乐地、竭尽所能地绽放下去便好。

当年的慈慧殿三号是朱光潜和梁宗岱在景山后面的寓所，这间寓所里头，有着与"太太客厅"同样具有深远影响的文化沙龙。

每个月这里都会举办一次"读诗会"，大家在这里朗诵中外诗歌和散文，林徽因也经常来这里参加聚会。

读诗会的气氛十分轻松活泼，大家纷纷畅所欲言的表达自己内心的各种想法，因此时时有争论之类的事情发生。而林徽因常常都会是某场辩论中的核心人物，言辞犀利、思维敏捷、满腹经纶的她每次都会为自己坚持的观点据理力争，毫不示弱，甚至从不给对方"面子"。

她与梁宗岱因为瓦雷里的一首《水仙辞》所引发的一场面红耳赤的"争论"，成了后来人们津津乐道的一桩佳话。

那天梁宗岱刚在众人面前声情并茂地朗诵着这首由他自己翻译的诗歌，刚刚停下来，就听见林徽因开始话音朗朗地说："宗岱，你别得意，你的老瓦这首诗我真不想恭维。'哥啊，惨淡的白莲，我愁思着美艳，/把我赤裸裸地浸在你溶溶的清泉。/而向着你，女神，女神，水的女神啊，/我来这百静中呈献我无端的泪点。'这首诗的起句不错，但以后意象就全部散乱了，好像一串珠子给粗暴地扯断了线。我想起法国作家戈蒂耶的《莫班小姐》序言里的一段话——谁见过在哪桌宴席上会把一头母猪同十二头小猪崽子统统放在一盘菜里呢？有谁吃过海鳝、七鳃鳗炒人肉杂烩？你们真的相信布里亚——萨瓦兰使阿波西斯的技术变得更完美了吗？胖子维特尤斯是在什维食品店里用野鸡、凤凰的脑、红鹳的舌头和鸟的肝填满他那著名的'米纳夫顿'的吗？"

梁宗岱当然不肯就此处于下风的，于是他马上站起来，高声回敬说："我觉得林小姐对这首诗是一种误读，作为后期象征主义的主要代表，瓦雷里的诗，是人类情绪的一种方程式，这首《水仙辞》是浑然一体的通体象征，它离生命的本质最近……我想林小姐恰恰是忽视了这点。"

没想林徽因也丝毫不准备让步，跟着不自觉地提高了嗓门继续说："恰恰是你错了。我们所争论的不是后期象征主义的艺术特点，而是这一首诗，一千个读者，可以有一千个哈姆雷特。我觉得，道义的一些格言，真理的一些教训，都不可被介绍到诗里，因为他们可以用不同的方法，服务于作品的一般目的。但是真正的诗人，要经常设法冲淡它们，使它们服从于诗的气氛和诗的真正要素——美。"

……

那天，林徽因和梁宗岱两个人的争论一直持续了很久，而其他在座的朋友没有一个去"劝架"，而是安安静静、津津有味地听着他们"打嘴仗"。一直到林徽因重新坐回到沙发上，重回平静地说："每个诗人，都可以从日出日落受到启发，那是心灵的一种颤动。梁诗人说过，'诗人要到自然中去，到爱人的怀抱里去，到你自己的灵魂里去，如果你觉得有三头六臂，就一起去。'只是别去钻'象征'的牛角尖儿。"[①]

终于，梁宗岱心服口服地笑了，朋友们也佩服地笑了起来。这一场"嘴仗"，林徽因用她的真诚、真实换来了众人的赞叹。

生活之中，总会遇到一些这样那样的事情，当事情的结果与你想的、理解的结果不一样的时候，只要你觉得自己是对的，你就必须毫不妥协地坚持下去，并且勇敢地说出你心中最真实的想法，不要担心这样做会惹来众人的非议。

你要知道，每个人其实都希望看到身边的朋友拥有一张真实的脸孔，都希望能够感受到身边的朋友一颗真诚、坦荡的心。男人如是、女人亦如是。

作为一个女人，她也许长得不够漂亮，也许她处事不够练达，也许她始终无法学会八面玲珑、长袖善舞，她甚至更不懂算计、不会钻营，没法做到不达目的、不择手段，不会为了迅速获得所谓的"成功"而去走捷径捞偏门。可偏偏是这样一个女人，让你一见倾心，感觉自己仿佛置身在一片清澈见底的辽阔海洋

---

① 资料节选自《林徽因传——有你是最好的时光》姜雯漪

之中，不用伪装、不用防备、海阔天空、清新自然，如同那场面红耳赤、据理力争之后的林徽因一般，让人深深折服、久久难忘。

在纷扰红尘
之中做好自己

有时候我们会很迷惑，常常会很介意别人对自己的这样或者那样的评价，仿佛唯有别人的肯定与认同才是自己真正的收获与成绩一般。因此，很多时候我们很容易迷失了自我，陷入一种没有自信、不知满足，甚至失去目标的茫然境界。

客观地想一想，其实这些都是不必要的烦恼，我们真不应该把美好且宝贵的青春年华浪费在这个不必要的节点上头。

要知道这个世界上的每一个人都是独一无二的，生活之中，谁都有自己的闪光点，不要太刻意看重成败得失，很多时候只要你坚持做好自己就已经足够了。

对中国建筑历史稍有研究的人会很轻易地发现一个问题，《中国建筑史》成书于 1944 年，它的问世，结束了没有中国人写中国的建筑史的缺憾，纠正了很多西方人对中国建筑艺术的偏见和无知。这一部由林徽因和梁思成共同编著撰写的划时代巨著，作者署名是单独、唯一的一个"梁思成"，从头到尾都没有林徽因名字的出现。她深入参与了收集资料、提供灵感、执笔写作、文字加工，乃至到最后校对书稿和亲自用钢板、蜡纸刻印的一系列工作，可她却未曾署上自己的名字！

或者会有很多人对此感到非常的无法理解，又或者会有个别对林徽因存在某些偏见的人认为她的文学造诣一般、在建筑学上也只是皮毛而已。可是大家忽略了最关键的一点是，无论诗歌也好、小说也好、散文也好，这些并不是林徽因刻意为自己所做的渲染。诗歌、散文仅仅是她耳濡目染、由心而发的心灵诉说，是骨子里头的灵气浑然凝结而成，并因为这样才在现代文学中留下余音袅袅、令人难忘的一笔。唯独建筑，才是她一生不悔、倾心热爱的。

也许对林徽因来说，建筑学从某一个角度上来看已经不仅仅只是一项事业了，更多的是她与梁思成之间爱情的见证和根基。

所谓的名利到了此处已经显得不再重要了，根本没有必要一味地为了别人的想法而去强迫自己做出所谓的改变或者追求，这样的人生活得太累，而且非常的没有必要。

"母亲文学活动的另一特点，是热心于扶植比她更年轻的新人。她参加了几个文学刊物或副刊的编辑工作，总是尽量为青年人发表作品提供机会；她还热衷于同他们交谈、鼓励他们创作。她为之铺过路的青年中，有些人后来成了著名作家。关于这些，认识她的文学前辈们大概还能记得。"

以上这段话是梁从诚先生在《倏忽人间四月天——回忆我的母亲林徽因》一文中谈到的。

1984 年，萧乾这位当年"太太客厅"的文学常客，写的一篇纪念林徽因的长文《一代才女林徽因》中，就满怀感恩地提及她对自己得提携，以及当年一场场令人记忆犹新的聚会场景。

诗歌、散文、小说、戏剧、杂评……林徽因的文学造诣非同一般，她那些对文学的精辟见解，语惊四座，让人为之深深钦佩与折服。就如萧乾所说："她又写、又编、又评、又鼓励大家，我甚至觉得她是京派的灵魂。"

更多的时候，林徽因对同自己一样对文学有着共同爱好的朋友与文坛新人是十分看重也尽力给予帮助和栽培的。只是这些在她眼中其实什么都不是，她仅仅只是按照自己最质朴的初心去想、按着自己最质朴的初心去做而已。

她做的是最真实、最毫不掩饰地自己，可她真诚热情的心肠、机敏聪慧的思维和言辞，以及过人的艺术涵养、文学天赋和人格魅力，却永远留给后人不可磨灭的深刻记忆。

第二章 目如炬，看出前方风景

人的一生，原本就是一趟远行的列车，蜿蜒的铁轨，承载着一个又一个关于远方的梦想。走出去，去远方邂逅一段美丽的风景，与这个世界温柔相处，无论何时都为人所崇尚，不管是在今日，还是在彼时。

走出去，

放开你的眼界，迎接辽阔

1920 年代，这个诞生无数传奇的年代，漂洋过海是一种潮流、一种时尚。林徽因就是在这个年代里，随着父亲林长民以"国际联盟中国协会成员"的身份乘上远航的轮船，踏上前往欧洲的旅程。

常常在想那一刻的她，面对浩瀚无边的大海时，是否也曾感悟，原来在一切辽阔的面前，自己不过只是一朵微弱渺小的浪花？

后米，有好多人都曾在揣想，假若林徽因没有那次的漂洋过海，那么她的生命轨迹又将会被怎么样的谱写呢？

但我们都相信，她拥有的聪慧终究会让自己在任何时候、任何境况都做出最为理智的选择的。

欢快的浪花在自由飞舞的海鸥的陪伴下不停地拥抱着布莱顿海湾，充满生机的港口向来自远方的旅人张开热情的双臂。新的篇章已经展开。

总是很羡慕林徽因的这一段旅程，作为女人，诗酒趁年华，青春正好，就该好好把握，切莫将自己持久地、了无天日地困在笼中。金丝雀的生活固然安逸，可是像海燕一样直面海洋，感受风浪地飞翔更为动人。

想要真真正正地领略生命的珍贵，就必须做到人间百态亲自尝、世间美景亲自赏，置身于中、亲自丈量才能知晓这一段历程的长度与距离。

法国、意大利、瑞士、德国、比利时……一路行走。

文化名胜、博物馆以及工业革命后迅速发展起来的一些工厂……林徽因和父亲一一走过。

在父亲的眼中，这些地方之中蕴含体现了现代资本主义的生产方式和经营方式，可以给中国社会今后的改良做参考。

在林徽因的眼中，虽然此时的工厂报馆尚对她没有太大的吸引力，不过当各处景物流光溢彩地从眼前流过，巴黎街头的自由，罗马胜地绿如波涛的松林，阿尔卑斯山终年不化的白雪，法兰克福蓝天上盘旋的鸽群……钟声、鸟鸣、草地、树林、遗址、古迹，古老而迷人的欧洲在林徽因的眼中如此风情万种、浪漫多姿，兀自散发着久远而高贵的气息。

一切就该如此，漫漫长路，只有亲自丈量才能知晓其中的长度与距离，假若有幸可以拥有这份开始，就无须顾虑无须回避。迈出第一步吧，天高地远、扬帆万里，一旦出发就无须再想回头。茫茫沧海，不妨且行且铭记吧。

1920 年 9 月，林徽因与父亲一行来到了伦敦，先是入住 Rortland，最后在伦敦西区阿尔比恩门 27 号安顿下来。林徽因也以优异的成绩考入了伦敦 St. Mary's College（圣玛利学院）学习。

人在旅途，

看得尽繁华耐得住寂寞

　　常常会听见身边的闺蜜这样的抱怨："好无聊！一个人空荡荡的，不知道该干些什么。太寂寞了！"

　　现代社会，车水马龙的都市一面是紧张、繁华的快节奏，一面是灯红酒绿的荼蘼诱惑。身处其间，难免会有迷失的时候。

　　有时你会觉得自己一个下午都处在彷徨之中，微博、微信、QQ刷了一遍又一遍，手机握在掌中热得滚烫，可心情却丝毫未曾因此而变得开朗起来。

　　有时你会一整天赖在床上，即睡不着也清醒不了，迷迷糊糊地，只觉得自己毫无目标、情绪颓废。

你会纠结、会疑惑这是怎么了，是不是病了，还是发生了什么事情。

说到底，这是你自己的心理情绪作祟。千万不要被眼前的车水马龙、灯红酒绿所迷惑，要知道生命原本就是一场孤独的旅行，所以看得尽繁华耐得住寂寞才是最理智的释然。

林徽因父女的欧洲之旅也非是一路游山玩水这么简单的。除了游览之外，林长民更多时间要用于各种应酬活动之上，与各国各地的相关人士会晤，应邀去做一些演讲，接待许多慕名前来拜望的友人与学生社团。当他格外奔忙的时候，林徽因常常要一个人待在伦敦寓所之中。

作为一个十六七岁的少女，身处异国他乡，从早到晚的孤单是可想而知的。崭新世界纷至沓来的印象与知识夹杂着各种各样的信息常常使她感到既新奇又疲惫。而远离故乡，远离亲人朋友的失落感又让她感到深深的孤独与无所适从。可是她并没有选择接受孤独、承认孤独，而是将暂时的孤独当作一种难得的享受。

一个人的时候，她总会依偎在壁炉旁边，一本又一本地读书，从维多利亚时代的小说到丁尼生、霍普金斯、勃朗宁的诗歌或者是萧伯纳的剧本……

阅读为她开启了一个心醉神迷的世界，文学唤醒了她对生活的种种体验，激起了她那颗天性敏感细腻的心灵的强烈共鸣。

渐渐地，林徽因开始以女主人的角色加入父亲的各种应酬活动，接触了众多的文化名流。这些遇上孤独、利用孤独、享受孤独的经历为她后来的文学创作奠定了深厚而扎实的基础；因为有过游学经历，又得到著名学者老师的点拨，后来的林徽因在文坛上的起步要比当年同时代的许多女作家要高出一筹。

在林徽因的身上，"人在旅途，看得尽繁华耐得住寂寞"的观点得到了充分的印证。

有了方向

就前行，有了梦想就去追

不知道你有没有想过这样一个问题，当百年之后、终此一生之前，你会如何为自己的这一辈子做个总结呢？

终生纷繁，有人一生迷糊，有人一世清醒。茫茫红尘，有人一生寻觅终究怅然若失，有人目标清晰认定便不放手。

这世界可以小到转身便遇见，这世界也可以大到稍有不慎就失去。懂得珍惜，是我们唯一能做的功课。当然，有时候一路行来，还有太多太多的稍纵即逝与彼此之间的缘分有关。或许冥冥之中缘由天定，刹那繁华总是匆匆。

林徽因寓所的女房东是一位建筑师，风和日丽的时候，林徽因总会和她一起出去写生、作画。

在剑桥一带，林徽因捧着书本，坐在草坪上。皇家教堂的富丽庄严，皇家学院的宁静幽雅，"三一学院"图书楼上拜伦雕像正潇洒地凝视着遥远的天际……种种的一切好像忽然随着空气与星光渗进了林徽因的灵魂。

在与女房东的交谈中，林徽因懂得了建筑与艺术的密不可分。原来，建筑师不是自己儿时印象中那些盖房子的人！她想起儿时在祖父家中看过的那些宋元名家山水画，在故乡看到过的庙宇殿堂，果然发现此中包含的是一门艺术，如同诗歌和绘画一样，有着自己独特的语言，而这些唯有大师们才能掌握。

林徽因的眼前骤然亮了，在布莱顿的大街小巷中，一座桥、一条路、一栋房子、一根柱子、一扇窗，忽然都像变戏法似的，充满了神奇的魅力。从这一刻开始，林徽因的心中忽然萌生出了一个朦胧而美好的梦想，关于未来的事业——"建筑学"，一种把艺术创造和人的日常需要结合在一起的工作。

在后来很长的一段时间里，林徽因全心地投入为实现自己梦想的努力拼搏之中。甚至就连她的先生梁思成后来的回忆时也说，他对于建筑学的兴趣，是由林徽因启发的。他说："我第一次去拜访林徽因时，她刚从英国回来，在交谈中，她谈到以后要学建筑。我当时连建筑是什么还都不知道，林徽因告诉我，那是艺术和工程技术为一体的一门学科。因为我喜爱绘画，所以我也选择了建筑这个专业"。

若问世上什么样的女人最美？林徽因已经用自己的实际行动来作了回答。

世上最美的女人，不一定得拥有倾国倾城的容貌，不一定得拥有富可敌国的财富、尊贵无上的身份。世上最美的女人，是心怀梦想并愿意穷自己所能为了实现梦想而脚踏实地去奋斗、去学习、去钻研的女人。这种女人发散出来的光芒不仅点缀了自己，更能感染身边与之相近的每一个人。

从容淡定，

岁月深处清新隽秀

　　女人如花，繁花似梦。滚滚红尘之中，女人总是不易的。婚姻、工作、家庭、生活、事业、孩子……生活之中总会有各种各样、接踵而至的琐事时时刻刻在磨砺着女人原本细腻柔软的心灵。

　　面对着每日周而复始的繁忙，你将以一种什么样的心态处之呢？焦虑、不安、悲伤、颓废、逃避……抑或是在此种种之外的其他呢？

　　不要，你千万不要选择这些。

　　面对着种种变迁与挫折，你应该做的仅仅只是淡然、从容、温和。

淡淡的风、淡淡的云、淡淡的梦、淡淡的情，不再是年少时"为赋新词强说愁"的无病呻吟，也不再是年少时"怒发冲冠为红颜"的武断冲动，而应该是在岁月的熏陶下渐渐如同一杯清茶，落花无言、人淡如菊……

一如后来，林徽因的好友费慰梅女士记忆中1932那位已是两个孩子的母亲的林徽因。

"……我们有时分析和比较中国和美国的不同价值观和生活方式，但接着我们就转向我们在文学、意识和冒险方面的许多共同兴趣，把关于对方不认识的朋友的追忆告诉对方。

"天才的诗人徐志摩当然是其中的一个。她不时对我谈起他，从来没有停止思念他。我时常想，她对我用流利的英语进行的题材广泛、充满激情的谈话，可能就是他们之间生动对话的回声，那在她还是一个小女孩在伦敦时就为她打开了一个更广阔的世界……"

作为已经是两个孩子的母亲的林徽因，以一个体弱多病的身子操持着一个大家庭的诸多日常事务，相夫教子、奉养老人，担心时局的动荡变迁、关心物价的涨跌等等，甚至还要打理梁家与林家两个大家族许多亲戚之间的往来关系……如此忙乱的日常生活，不免让人会为之担心，担心她会就此迷失在柴米油盐的琐碎之中。

值得庆幸的是，林徽因是个淡然的女人，正因为如此，所以她懂得在世事的牵累、终日的忙碌之中找到自己的平衡点，在适当的空闲时刻修饰自己、放松自己、滋养自己，从不让自己的心灵沉湎在日常琐事之中。

更多的时候，林徽因把自己心灵的空间留给了志同道合的朋友，留给了诗歌，留给了建筑艺术、音乐、绘画。每每在尘埃落定只是，在一盏温馨的灯光之下，看书、创作。用她那双闪闪发亮的明眸，在探索、发现、创造、分享着平凡生活之中许许多多不平凡的美。这就是一种无法言喻的魅力。

应该说林徽因的一生，从精彩纷呈、别于他人的一开始到终究历经沧桑磨砺却依旧初心未改的结局这整个历程之中，"从容淡定"四个字一直都伴随在她左右。

正因为如此，即使面对困境、面对病痛，她都丝毫未成对自己、对身边的亲人朋友施加、流露过任何的压力。她只是一次又一次用自己的坚毅告诫自己必须努力、必须坚持、必须振作。在苦难面前，她要求自己必须跨过颓唐，积极乐观地去拥抱明天新一轮的太阳。

后来的费慰梅一直在回忆着林徽因与她在一起的点点滴滴，比如出去看画展时，某一幅画作常常会激发林徽因的灵感，使她联想到音乐、建筑、诗歌创作……于是会有更多更多的美好曼妙的构思澎湃而来。这时的她总会抑制不住地想找朋友倾诉。再比如有时在家里听音乐，一首乐曲常常会令她凝神屏息、浮想联翩，甚至热泪盈眶。

费慰梅还记得那时林徽因曾因为听到一首乐曲而非常激动地对她说："那时一段当我还是个小姑娘是在横渡印度洋回家的船上所熟悉的乐曲——好像那月光、舞蹈表演、热带星空和海风又都涌进了我的心底，而那一小片所谓的青春，像一首歌中轻快而短暂的一瞬，幻影般袭来，半是悲凉，半是光彩，却只是使我茫然。"

从容淡定的女人总是能追寻到生活的乐趣，总能发现美丽的风景。即使身心一次次受伤、即使生活一次次受挫，正因为有这样的磨砺，她显得更加宽容、更加感恩，更加呈现出一种历尽沧桑但仍然随遇而安的美丽。

回首唯有从容淡定，才能安然端坐在人生的彼岸，任时光荏苒、任青丝染成白发，岁月深处清新隽秀。

成熟女子，

一道绚丽的风景线

很多时候，我们常常希望自己可以成熟一些，好让自己更加适应这个精彩纷呈但又复杂交错的世界。

可是总是被挂在嘴边和意识间的成熟到底包括了哪些方面呢？

有一句概括说得好："成熟是由青色变为红色，成熟是绚烂之后的平静，是盛开之后的内敛。"

闭上眼睛试试想象下吧，一个真正成熟的女子，总会在她方方面面、一举手一投足之中流露出一种自然的、令人久久无法忘怀的美好，就像一道风景线，像天高气爽的秋天；像雨后初现的彩虹；像点染春天的草原，美沁入心扉。

如果世事与历史可以容许我们从某一个角度来将陆小曼和林徽因——徐志摩一生至关重要的两个女人进行比较的话，个人觉得风情万种的陆小曼与聪慧秀美的林徽因在一起，林徽因绝对要比陆小曼更加的成熟。

为什么呢？因为但凡成熟的人，必定将"脚踏实地"奉为自己的原则。男人如是，女子也不例外。花花世界之中无时无刻地存在着各种各样、五光十色的诱惑，唯有心存"踏实"的人明白，该怎样在红尘阡陌之中一步一个脚印地走好自己该走的路，摈弃所有不属于自己、不适合自己的诱惑，坚持自己的坚持、做自己该做的事。

比如在爱情观中，林徽因终究不似陆小曼那般不屑于红尘世俗，去寻求一份波澜壮阔，只求眼前不问明天的爱情。林徽因更希望在寻获真爱的同时，亦求一份安稳，她深谙安稳有时候比爱情来得更加不容易。

浪漫多情的徐志摩与踏实稳重的梁思成，应该说林徽因不是没有半点犹豫的，毕竟徐志摩在她最憧憬浪漫唯美的岁月里，及时地给予了她一生都难以忘怀的诗一般的时光，风花雪月、梦境美好。可是，后来的梁思成却从另外一个方面让她感受到一种沐浴在阳光下的温暖与真实，平实、稳定。

毕竟世间男人与女人之间真正的感情就该是一份牵手漫步、同患难、共甘苦的简单幸福。

每个人的一生都是一出戏，长篇连续剧也好、折子戏也罢，唯有成熟的女子懂得在此之间什么是真的、什么是假的、什么是悲伤、什么是欢喜；自己该获取什么，又必须要舍弃什么。因此她永远知道该在什么场合尽情地释放自己，该在什么地方巧妙地将自己所有的光芒掩藏起来。

一九二四年五月八日，大文豪泰戈尔先生六十四岁诞辰。由徐志摩和其他几位文学青年创办的文学社团"新月社"用英语编排了泰戈尔的诗剧《齐德拉》。

剧中的美丽公主齐德拉由林徽因扮演，而徐志摩则饰演爱神玛达那。

对于两个曾经彼此熟悉的人儿来说，林徽因和徐志摩的配合是相当默契的，几乎每一次的眼神交汇都是以心灵来作为连接的。台词在此刻好像成了可有可无的装饰品，因为两个人的眼神，已经很巧妙地向人们讲述了故事情节的发展。很快，林徽因和徐志摩两个人便沉醉在彼此的角色之中，忘记了舞台、更忘记了台下的观众。

一直到戏码落幕，林徽因才突然在绚丽迷幻的舞台灯光之中恍然醒悟，刚才的一切，原来仅仅只是一场戏。

一场突如其来的戏曾经在某一个瞬间拉近了林徽因和徐志摩之间的距离，甚至差一点就让她又一次跌入那个旖旎如诗般的梦境之中。徐志摩当然是无法自拔的，可是成熟的林徽因却不是这样想的。

转醒之后，她的心底很快又恢复了明澈，她知道自己不该深陷在徐志摩浪漫唯美但却看不见未来的感情漩涡里，即使她知道他是真爱自己的，但遗憾的是，徐志摩的这种爱，根本不是她心中想要的那种爱情。

林徽因明白，她必须马上从梦境之中清醒过来，在还未沦陷之前快速逃离，因为她明白徐志摩是一种幻象，梁思成是一种真实。她更明白，一个成熟的女子，任何时候都应该冷静、克制，不要为自己制造有可能导致自己狼狈不堪的机会。

这么做或许很现实，甚至有时候割舍一段明明自己也有感觉的爱情会让人觉得很痛苦，可是唯有成熟的女子知道，一时的痛终将成就自己的一生。这点认知，是成熟女子诸多亮点的其中之一。

成熟的女子不会为自己暂时处于低谷而长时间的悲伤、愤慨、逃避、失落，而是时时刻刻让自己保持一种精力充沛的状态，努力做好自己，争取一切值得争取的机会去追逐真正属于自己的幸福。

成熟的女子还该是彬彬有礼且知书达理的，她们明白该适度的表达，控制自己的情绪与情感，点到为止、绝不泛滥成灾。

成熟女子可爱、可亲、可敬，惟愿就这么一直做个成熟的女子吧。用睿智冷静的太对选条适合自己的路走下去吧，一直到天荒地老，一直到海枯石烂……

当风雨

欲来，且迎头相向

"累累创伤，就是生命给你的最好东西，因为在每个创伤上面都有标志着前进的一步。"

法国作家罗曼·罗兰这样说。

"我们遍体鳞伤，经过惨痛的煎熬，是我们身上出现了或好或坏或别的什么新品质。我们不仅体现了生活，也受到了艰辛生活的考验。我们的身体收到严重损伤，但我们的信念如故。现在我们深信，生活中的苦与乐其实是一回事。"

1946年2月，林徽因在写给费慰梅的信中这样说。

一中一西的两位知名文化女性，在对于人生之中出现的苦难与挫折的观点与态度不由让人深深敬佩。

每个人的生命中都无法避免苦难的发生，它如同人生画卷里头最耀眼的色彩。没有了苦难，人生的画卷便会黯然失色；没有了苦难，我们也就自此失去了与命运抗衡、搏斗的勇气。就好像森林之中屹立着的那些参天大树，如果未曾经历过与暴风雨直面抗衡的时刻，树干根本不能长得结实坚固。而人的一生如果不遭遇种种逆境，就如同被永远禁锢在金丝笼里头的鸟儿一般，失去了坚毅的人格，他的本领也将渐渐丧失。

所以，面对磨难，请千万不要退却。你要相信，我们之所以强大、之所以坚毅，是因为一切的磨难、忧苦与伤悲在锻炼着我们，让我们日渐成长。

林徽因是个多才聪慧的女子，很多时候人们记住了她青春年华的西方浪漫游学，记住了她太太客厅之中的文学时光……但是抛开这些已经逝去的光环之后，我们终究发现命运之神对她的眷顾其实是很少、很少的。

现世安稳，岁月静好，世上之人哪个心中对生活的不是这样的憧憬的？林徽因心中自然也是这样期盼的。可惜，她生在了那个年代。

动乱年代，安稳成了奢想，再美好的期盼和愿望都无法逃避终究颠沛流离的经历。遭逢古老而命数坎坷的国家遭遇大变故的时代，再有才华、再有抱负的知识分子再如何奋力地挥动手中的犀利的笔刀，都永远敌不上战火中落荒而逃的狼狈。

那一年，林徽因一路落魄地来到了昆明，战火肆虐、旅途奔波再加上病痛的折磨，她一直在生与死之间的线上徘徊着。

可是这个看似纤弱的女子并没有臣服在苦难面前。从很多的书籍记录之中，我们看到了她在这一段旅途之中说过的每一句话，从不见有半点退缩绝望的意象藏在其中。

黄果树犀牛潭瀑布的百丈石崖之下，林徽因望着眼前壮美的白练出神，耳边奔腾不息的流水声响，仿佛永远充满了无休无止的生命活力。她说："我感觉到世界上最强悍的是水，而不是石头，它们在没有路的绝壁上，也会直挺挺地站立起来，从这崖顶义无反顾地纵身跳下去，让石破天惊的瞬间成为永恒，让人能领悟到一种精神落差。"

很多时候我们常常说男人是泥，女人似水，将女人与男人放在一起，人们更多看到的是女人的孱弱的一面。在人们的潜意识之中，女人多数都是生活中的弱者。原因很简单，因为女人没有男人般健硕的身体、强悍的力量，可是人们常常忽略的是女人与男人的意志一般坚强，甚至可能比男人还要强上好几百倍的意志。

有谁不希望自己的生活可以一帆风顺、富贵平安的呢？有谁不希望自己从一来到这个世界上，就有一个温暖的港湾将自己紧紧地包围呢？可是瞬息万变的世界，一直平顺与风平浪静又谈何容易？树欲静而风不止，总有许多你无法预料的事情会在某个你无法预料的时刻发生。所以当你面对苦难时，如果对自己的未来与前途丧失了信心，对自己的人产生了绝望，对生活感到了疲累，那么请记住，这不是苦难的结束而是痛苦的开始！

　　林徽因一家人长途跋涉、历经千辛万苦终于到达昆明，本来以为一切困难都会在这里得到圆满的解决，可是偏偏更大的意外又就此而生了。

　　作为一家之主的顶梁柱梁思成病倒了，年迈的老母亲又卧病在床，这是的林徽因，哪里还是昔日太太客厅中那个优雅美丽、知性大方的女主人呀？一个被肺病折磨得死去活来的纤弱女病人，为了生存，不得不强作镇定，撑起整整一个家！

　　为了养家糊口，她给云南大学的学生补习英语，每周上足六节课，每月挣到四十块钱的课时费。每一次去上课，她都要翻过四个山坡，都知道昆明海拔高，稀薄的空气对这个身患肺病的女人着实是一场残酷的考验。但值得庆幸的是，这个坚强的女人终于顽强地挺了过来。

　　如同罗威尔所说的："人世中不幸的事如同一把刀，它可以为我们所用，也可以把我们割伤，那要看你握住的是刀刃还是刀柄。"

　　苦难从来是把双刃剑，它可以将你击垮，也可以让你更加的振作。这取决于你如何去看待它、接受它和处理它。当你遇到困难时，如果握着"刀刃"，就有可能还未曾好好地将问题解决，就已经割破了自己的手；你如果握住的是"刀柄"，便可以用它来将巨大的障碍切得粉碎。当然你要清楚，要准确握住刀柄或许不容易，但只要有信心、只要有勇气，你定然会相信自己一定做得到的。

　　女人，当风雨欲来，千万记住要从容应对，迎头相向。

活出属于
自己的价值

在众多的历史资料之中，都各自有着关于 1955 年 3 月 31 日深夜，北京同仁医院住院部的一段文字记载：

"思成！思成！"林徽因挣扎着用尽力气的呼喊，只不过此时此刻的她已经虚弱得只能发出一点点的声音了。

护士走了进来，轻声地询问她："林小姐，您需要什么？"

"我想见一见思成。"林徽因的声音十分地虚弱，可是却又十分的清晰，"我有话要对他说。"

"夜深了，有什么话明天再说吧。"护士柔声地说。

每每读到这里，心中涌起的总是止不住的遗憾。因为自此之后，林徽因已经再也没有"明天"了。

1955年4月1日清晨六点，当夜色在缓慢、笨拙的步伐中一点点地消退而去，当黎明地曙光迫不及待地照射进病房，当一缕清新的晨风吹动着病房之外的苍天大树上那些新生的嫩芽的时候，林徽因却永远地离开了这个世界。这一年，林徽因五十一岁。

有的人说，林徽因去世的时候只有五十一岁，对一个人漫长的一生来说，实在是太短、太短了。

有的人说，林徽因的一生如同一首诗歌，真挚、热诚而富有激情。对于爱美、爱艺术、爱理想胜过爱自己生命的她来说，选择在五十一岁的时候离开这个世界，其实并没有太多、太大的遗憾。

然而不管怎么都好，林徽因已经用她自己的智慧和坚强向我们证明了一个女人活出了自己的价值，是多么美好而值得尊重的一件事情。

卡耐基曾经说过一句话："整日装在别人套子里的人，终究有一天会发现，自己已变得面目全非了。"

一个聪明的女人为自己而活，为自己而认真过好每一天，为自己而全力以赴地去做好每一件事情。这样一份淡定和从容，总是如同一阵和煦而清新的春风，荡涤着人们的心灵，让人为之深深动容。

　　所以，不管你能够在这个美好的世界上停留多久，不管你拥有的将是一段什么样的历程，请千万记住，在这个世界上，你始终是独一无二的、是始终是唯一的。你要始终为了这一点而感到骄傲与自豪。尊重和利用生命女神、利用大自然所赋予你的一切天赋，去成就一个与众不同的你吧。尽情地唱自己的歌、跳自己的舞、写自己的诗、开创自己的小天地。唯有这样你才能让你的生命更富价值。

　　唯有这样，你才能活出属于你自己的与众不同的价值。

第三章　爱如潮，遇见不妨冷静

这个标题更为确切、具体的说法应该是：

爱恋本身像是一场旅行，未曾见到最美的风景岂可安心？匆匆一次遇见就情定某一个人，说到底是对自己最彻底的残忍。

因为谁都没有把握保证从此以后终此一生不言后悔。因此关于爱情，送给女人最好的箴言是：「爱如潮，遇见不妨先冷静」。

世间有情，
但未必只是"爱情"

你仔细想过一个人一生必须要面对的三大课题是什么吗？

是的，这三大课题就是：亲情、友情、爱情。好不容易历经轮回来到红尘，若是没有经历这亲情、友情与爱情，又如何算是经历的完整的一生？

你又仔细想过没有？这三大课题之中，除了亲情之外，友情和爱情是非常容易被混淆的。它们像一对性格迥异的孪生姐妹，既相同、又不相同，时而容易区分、时而无法辨别，似是而非。尤其当我们正是风华正茂、青春正好、年少不知彼岸忧伤的时刻，总是对爱情和友情之间的界限把握艰难。

爱情常常说："你就是我的唯一，没有你谈何容易。"

友谊常常说："道路很宽，朋友很多，海内存知己，天涯若比邻。"

所以当你遇见汹涌如潮的情感来袭时，请千万学习林徽因的冷静与淡定。

光阴的时针，曾经固执地停留在 1920 年 11 月 16 日这一天。

入秋，伦敦湿漉漉的雨季，雾蒙蒙的天气，似乎亦是一种渲染。

假若把雨视作缠绵悱恻的爱情，雾则决断地用朦胧来印证自己的感觉。

徐志摩就是在这一天初见林徽因的。从电光火石的一刹那开始，他便将她的影子牢牢地刻在心中。

"如果有一天，我获得了你的爱，那么我飘零的生命就有了归宿，只有爱才可以让我匆匆行进的脚步停下，让我在你身边停留一小会儿吧，你知道忧伤正像锯子锯着我的灵魂……"

对于林徽因，徐志摩的心就如他所写的文字一样，忧郁、热烈充满期盼。

他遇见她，爱上她，骤然发觉她是自己命中一朵美丽娇艳的玫瑰，乃至于妻子张幼仪与之一比，便成了一抹碍眼的蚊子血，令他望而生厌。

在徐志摩的自我感觉中，遇见林徽因令他忽然清醒，他认为旧爱是天时地利的迷信，原来她才是与自己最相配的那个人，从共同语言到求学经历、政治理想乃至对文学艺术的了解与看法。

终于他决意结束与张幼仪的婚姻，以获取这段他自己认为是天造地设的爱情。

只不过，徐志摩没有想到的是，面对他热烈而直接的示爱与表白之后，林徽因终究理智的沉静了下来。

到底在自己和徐志摩之间的种种是因为爱情吗？亦或者说自己和徐志摩之间的种种仅仅只是一种爱好相同、理想相同、惺惺相惜的友谊？

当林徽因冷静下来，直面心灵、直面自己真实的向往之后，所有一切桃红色的浪漫都瞬间消散了。

这怎么可能呢？林徽因清楚地听到自己心中的声音。

当初正是清楚地知道徐志摩是个有家室的男人，才开始与他毫无顾忌地交往起来的，而如今又怎么可能去做破坏别人家庭的事情呢？

"……我知道自己其实是个幸福而走运的人，但是早年的家庭战争已使我受到了永久的创伤，以致如果其中任何一点残痕重现，就会让我陷入过去的厄运之中。"

聪慧如她，后来也只是冷静地说："徐志摩当时爱的并不是真正的我，而是他用诗人的浪漫情绪想象出来林徽因，可我其实并不是他心目中所想的那样一个人。"

对于爱情和友谊的区分，林徽因一直就是如此清晰明澈的，就如多年以后费慰梅的回忆一般："徐志摩对她（林徽因）的热情并没有引起同等的反应。他闯进她的生活是一项重大的冒险，但这并没有引起她脱离她家里为她选择的未来的道路。"

或许，一个人想要懂得爱情并不是一件难事，当爱情悄然而至的时候，你自然就会明白你在爱了，可是想要真正懂得爱情也不是一件容易的事，有很多人一生都没能弄明白什么是爱。对于友谊和爱情，每个人都应该学习如何掌控心中的那把标尺。

爱我的人

还是我爱的人

　　爱是琴瑟和鸣，心灵相通，真正完美的、能够长久地给人带来幸福的爱情必定是两厢情愿、两情相悦的。爱情绝对需要双方互相认同、互相吸引，爱情的天地绝对需要双方彼此共同努力、共同营造。

　　每个人的一生，都要经历一个寻找爱情的过程，在没出发之前，请先记住爱情是由两颗心的相互碰撞，水乳交融而成，单靠一个人在努力而另一方无所回应是绝对不行的。

　　有时候我们常常说："缘，妙不可言。"不得不感叹，红尘之中巧妙无比、难以言说的偶遇奇缘当真是存在的。

滚滚红尘，日升日落，每日里头皆有相逢，每日里头也皆有离散，缘来缘尽缘分匆匆，只要有缘，转角之处便能遇见真爱。

林徽因第一次遇见梁思成，她 14 岁，他 17 岁。

梁思成端正的面孔上面点缀着一双戴着眼镜的、坚毅的眼睛，待人谦和、斯文有礼、腼腆忠厚，只是偶尔神态有些局促不安。这一次遇见，他让林徽因觉得很有趣。

林徽因再次遇见梁思成已经时隔三年，1921 年，她 17 岁，他 20 岁。

性情、兴趣、修养、学识、出身……他与她都有太多相似的地方，这种种的相似让他们交流十分默契。

真正心有灵犀的人，相互沟通并不需要太多的语言，而仅仅只需一个眼神。

是的，一个眼神。林徽因在笑谈之中，常常只需看看梁思成眼中的火花，便能读懂他的心思；还有更多的时候，她觉得梁思成一开口就能说出她藏在心中未曾说出的话语。

交融相汇、互相砥砺的精神契合，使他们觉得彼此的心贴得很近、很近。

如果说徐志摩打开了林徽因的眼界、唤醒她新的向往，那么梁思成所散发出来的，则是让林徽因感到踏实而心安的安全感。

寻找爱情，一定要找一个极爱自己又被自己深爱着的人，觅得一个与自己的道德观念、人生理想、信仰追求相似的人。或许这样的爱情不易得来，当命中良人迟迟未现的时候，请切记要对真爱抱有坚定而执着的信念，宁缺毋滥。

遇见梁思成，与之相爱，林徽因沉浸在爱情的幸福之中。爱让她的一颗心变得分外的柔软，在爱情层层涟漪的包围之中，她想诉说、想欢笑、想歌唱、想用自己的欢乐去感染身边的每一个人。

这是一种非同一般意义的欢乐这是一种来自灵魂的欢乐，当一个人找到一个自己深爱也深爱着自己的爱人，两心相许、真挚相依，共同品味爱使寻常的事物变得不凡，爱让普通的日子变得精彩纷繁。

真爱的魔力让人恍若新生，冲淡了岁月深处的忧郁，焕发着来自天堂一般的色彩。

做个精致的女人，找个自己深爱的同时也深爱着自己的爱人，谈一场真真切切、轰轰烈烈的恋爱，原来是如此美好的事情。

让爱自由，
是为了更加深爱

　　婚姻恋爱中的男女，其实应该仍旧是两个独立的个体，应该仍旧拥有彼此的自由以及思维的空间。不要打着婚姻或者恋爱的理由，便过分的依附着对方，甚至因此失去了自我。

　　所谓爱情的真谛，不是自私也不是约束，更不是占有。

　　很小的时候，学文写字，却唯独一个"爱"常常书写得欠缺人意。后来的某一天，老师耐心地为我将"爱"进行了一次分拆。所谓"爱"字，其实是一只手抚慰着朋友的头。后来的我想，这就是爱的真谛吧，无论对待身边的另一半或者是亲人、朋友，你都能用心去爱、用手去抚慰他们，用宽容的心，去包含他们所有的一切。

请记住，千万不要试图去主宰什么，因为这世上没有任何一个人愿意成为别人的傀儡。与真爱为邻，你应该做的，永远只能是宽容与坦诚。

在林徽因与梁思成后来的婚姻生活里头，其实也不是一帆风顺如此简单的。尽管梁思成与林徽因在建筑学研究上有许多共同的见解和理念，可是另一位学识渊博、风度翩翩的学者还是出现在林徽因与梁思成的婚姻中。这个人就是著名的哲学家、逻辑学家、教育学家——金岳霖。

在梁思成的第二任妻子林洙的回忆录里头有着这样的一段往事：

当年，林徽因与梁思成夫妇住在总布胡同里头，金岳霖就住在他们家后院，因为后院有旁门出入，两家人平时走动非常勤快，就像一家人似的。若干年后的某一天，梁思成从外地回家，林徽因便很沮丧地主动与他告白："我苦恼极了，因为我同时爱上了两个人，不知道怎么办才好。"

听到妻子的告白，梁思成自然是非常震惊的，甚至感觉心中有种无法形容的痛苦在翻腾，好似一瞬间坠入了深渊。一夜无眠的他在辗转之中苦苦思索，既痛苦与林徽因之间会发生这样的事情，又感谢林徽因对他坦白与真诚。甚至他开始一遍又一遍地追问自己，在他本人与金岳霖之间，到底林徽因和谁在一起会更加的幸福？

翌日，他怀着无比坦诚的心告诉林徽因："你是自由的，如果你选择了老金，我祝愿你们永远幸福。"

当这一番话说出，梁思成和林徽因两个人都哭了。后来，当林徽因将这句话转述给金岳霖。金岳霖许久之后才满怀深情地回答："看来思成是真正爱你的，我不能伤害一个真正爱你的人，我应该退出。"从此他们三人再不提起这件事，三个人仍旧是好朋友，不但在学问上互相讨论，有时梁思成和林徽因吵架，金岳霖就会主动当仲裁，把他们夫妻俩没弄清楚的问题弄个明白。

林徽因无疑是幸福的，因为她所遇见的两个男人都拥有着博大的胸怀和洒脱的性情，他们真正领悟了爱情的真谛——给爱人自由，尊重爱人的选择。

当林徽因自觉自己的感情已然面对选择的时候，两位男士都能够真诚地从他们的爱人和朋友的幸福出发，做出让步，愿意以自己的成全，换取最爱的女人真正的快乐。

岂知一个人要做出这样选择需要多么大的勇气？或许你会感叹，这辈子无论如何都没法做到梁思成和金岳霖如此的坦诚，那就不妨先学会在适当的时候放手吧，放开纠结的双手，给予对方追求幸福的机会，成全也是一种无法言喻的美。

选择站在
同一水平线上的爱情

你信吗？我们常常批判古时候对婚姻讲究"门当户对"是极度愚昧的，比如说"公主一定得嫁王子"诸如此类。不过冷静地时候仔细想想，"门当户对"的感情，涉及了很多非常现实的问题，摈弃了偏见之后，你会发现这个词并非真的与你印象中的浪漫爱情相对立。

有时候，找一份"门当户对的爱情"将会帮助你直达"幸福的彼岸"。当然，必须强调的一点是，这里的"门当户对"并不单纯指门第的高低，而是指一种相同的精神境界。

寻一个能够与你站在同一条水平线上的人相爱，必定是最美好的一件事情。这一点，从林徽因和梁思成的婚姻之中便不难看出。

那一年，徐志摩在伦敦遇见林徽因，便深深陷在对她的向往与爱恋之中。其实当初只有 16 岁的她也是极度喜欢和徐志摩在一起的，毕竟他带给了她如此之多的风花雪月、浪漫朦胧。

可是，当这桩事情飞越茫茫海洋传到国内的时候，林徽因的几位姑姑却在事关林徽因的终身大事上产生了空前一致的意见。那就是无论如何，堂堂的林家大小姐怎么可能嫁给一个有妇之夫呢？

而多年以后，林徽因在因为徐志摩乘飞机遇难而满怀悲痛地写给胡适的一封信中，也再次谈及了自己对徐志摩的感情，这或许是她最真实的心迹：

"我的教育是旧的，我变不出什么新的人来，我只要'对得起'人——爹娘、丈夫（一个爱我的人，待我极好的人）、儿子、家族等等，后来更要对得起另一个爱我的人，我自己有时的心，我的性情便弄得十分为难……

"这几天思念他得很，但是他如果活着，恐怕我待他仍不能改的。事实上太不可能。也许那就是我不够爱他的缘故，也就是我爱我现在的家在一切之上的确证。志摩也承认过这话。"

纵然有爱，可惜起点不同、水平不同，所有一切在现实的生活当前，必然将成枉然。当年只有十六七岁的林徽因在面临关于徐志摩的感情抉择时，听从了理性的召唤，这让她的人生终究沉静而完满。

而林徽因与梁思成的爱恋，则又是不同的。

时光的沙漏犹记得那一年梁思成20岁，在清华学校上学，美术、音乐、政治都是他的追求。他在学校广受欢迎，颇有名气，这让林徽因感觉十分投缘。他们谈各自的理想，梁思成说："我愿跟父亲一样，样样都爱，样样都不精，也许，我以后会和他一样，从政。"

林徽因不以为然："从政需要磨练，也需要天赋，古往今来，把政治之路走得顺风顺水的不多，即使我的父亲，也许要有尊驾——不好意思，唐突了，不过这不是我操心的，我感兴趣的是建筑。"

梁思成惊讶地问："建筑？你是说，盖房子？女孩子家怎么做这个呢？"

林徽因悄然一笑说："不仅仅是盖房子，准确地说，是architecture，叫建筑学或者建筑艺术吧，那是集艺术和工程于一体的一门学科。"

这一次回家之后，梁思成便告诉父亲梁启超两件事，第一，他要把建筑作为终生的事业和追求；第二，他想要约会林家大小姐。

至此开始，这一对恋人开始了恋爱的旅程并终究成为伴侣。他们郎才女貌、相敬如宾，他们有共同的追求，交相辉映，尘埃落定，成为美谈。

智慧女子，
自会用理智面对爱情

苍茫的红尘之中有着千千万万与你我擦肩而过的过客，在这些人的中间，你总会遇上一个自己喜欢的他。

当一个人遇上另一个人，彼此吸引、两心相爱，这本来应该是一件多么令人陶醉、让人开心的事情。可是如果你最爱的那个男人表示自己仅仅只能和你做"情人"的时候，你又会怎么办呢？

当年初与林徽因相见的时候，徐志摩已是一个两岁孩子的父亲，二十四岁的他与林徽因相比大了八岁，是大哥哥辈的人物了。当时，他的妻子张幼仪与孩子都来了伦敦。在徐志摩发动多次猛烈攻势之后，林徽因看似牢固的防线最后决了堤，她是这样对他说的：

"我不是个感情随意的女子，你必须在我与张幼仪之间做出抉择。"

张小娴曾经说过一句非常著名的话："不能厮守终生的爱情不过是人生的一个转机站，无论你停留多久，你将会乘另一航班匆匆离去的。"

是的，其实你和我自然都知道这种只能相爱，却不能有结果的恋情是不会幸福的，但是却还是有很多的女人会在爱情面前失去了免疫力，最后选择做了别人的情人。之所以如此，便是因为这些女人在面对爱情的时候，由始至终都不够理智。

聪明如同林徽因，当得知徐志摩和张幼仪已有婚姻的时候，便会理智的选择和徐志摩作为朋友，而不是继续一味地纠缠下去。因为她明白与这样的男人做朋友是一件极为洒脱和痛快的事情。在这样的相处之中，你始终是你自己，而你与他之间，也将永远有一种情愫牵绊着，这是一种很安全的相处，这样的感情不会让你自此迷失了自己。

而当林徽因与徐志摩成为朋友之后，他们果然有了各自的生活，并且也保持了长久的友谊，成为彼此生命之中一笔珍贵的、不可或缺的财富。林徽因在徐志摩的面前轻松自然，而徐志摩在快乐与烦心的时候都想起林徽因。他欣赏她的独立、她的思想、她的才华，他回味她的笑容、她的神韵，至死方休，这样何尝不也是一种天长地久的永恒么？

爱情，

需要两个人共同一致的包容

　　唐朝诗人白居易的一句"在天愿作比翼鸟，在地愿为连理枝"为世间的爱情描绘出了一副浪漫唯美的构图。天与地、比翼鸟与连理枝就如同月光与星子、玫瑰花与雨丝般的和谐相称，让无数的人们为之而深深动容，于是人们开始迫不及待的期待，自己有朝一日也能遇见一份天长地远、轰轰烈烈、忠贞不变的爱情故事。

　　然后，要知道的是，人生在世，说到底平平淡淡才是最稳妥地真谛。就好像网络之上的一句名言所说的："我们虽然不能一同浪迹天涯，红尘做伴，但我们至少可以享受每一个美丽的清晨和黄昏；我们可以执子之手走过所有的漫长的道路，哪怕路途中有着无数的艰难险阻。"

1924年6月初，林徽因和梁思成前往美国，来到了绮色佳的康奈尔大学，利用暑假的时间补习功课，调整身心，以便于适应新一轮的学习以及新环境。这一年林徽因二十岁，梁思成二十三岁。

可是经过一个多月的补习之后，当林徽因和梁思成以及当时同行的清华同窗好友陈植来到位于费城的宾夕法尼亚大学建筑系报到时，却被校方告知：为了便于学校的管理，建筑系只收男生，不收女生。这是因为校方的管理认为，建筑系的学生经常须在夜里作图画画，而一个女生深夜时分还经常待在画室里头是非常不妥当的一件事情。

对此，林徽因在和梁思成商量以后，决定改报宾大美术系，并且同时选修建筑系的主要课程。

作为美国著名学府，宾大有着一番极为美丽优雅的风光景致，在良好认真的学习氛围以及美不胜收的学习环境中的林徽因与梁思成感到非常的满意，并且很快便全副身心地投入到繁忙的学习生活中去。

不过，学习生涯并不是时时刻刻都多姿多彩的，相比之下，宾大学生的学习生活是非常刻板的。建筑系每天的课程大部分都安排在上午。下午的时间，学生则需要在教室做绘图作业，或者在图书馆里头学习……相比起林徽因，梁思成更加迅速地适应了这种生活。因为他秉承了父亲梁启超严肃、认真的学习风格，对待任何一件事或一项工作，都会全力以赴，一旦投入，就会忘记周围的一切所在，没有任何一个人能够轻易打乱他的思路。

然而作为一对形影不离的情侣，林徽因和梁思成在当时所有的同学眼中，无疑是那么的登对，就如同金童玉女一般的让人觉得向往与羡慕。于是当时，但凡有同学间的聚会，大家都会邀请林徽因与梁思成两人一同参加。不过想要请动梁思成这一位忘我学习的人，可不是一件简单的事情，在历次不能成功之后，同学们只有委托林徽因出面了。

对于同学们的委托，林徽因自然是极为乐意的。因为作为恋人，林徽因当然也希望梁思成可以陪伴着自己一同出游的，再说了，唯有自己才能够请动梁思成，这样的结果，必定会让大家对自己刮目相看的。

于是有一天，林徽因穿上一身野外游玩的休闲装扮来到了梁思成所在的画室。刚一进门，梁思成便高兴地指着图纸对她说："徽因，你来看，这柱子已经在多大程度上克服了希腊早期建筑那种大方块式的呆板。柱基和柱顶过梁的一点点改变，就使十分稳固的建筑获得了极优美的仿生物体的动态。你再看这爱奥尼亚柱，柱式多么雅致，线条多么流畅，柱体凹槽的生硬被柱顶的涡卷形装饰大大抵消……"

林徽因赞同地看着、听着梁思成滔滔不绝地讲述，等到他说完的时候，才跟他说起今天的出游计划、讲到了自己和同学们的打赌。她朝梁思成强调说："作为我的男朋友，你不能让我输给他们！"

然而，梁思成望着眼前自己这位一身美丽俏皮打扮的女友，却略微迟疑地说道："今天我还有好些事要做，你还是自己去玩吧，下次咱们找个好地方一起出去。"

其实这样的事例，在情侣之间也是经常会出现的。那么当你如同林徽因一般地去邀请自己的男友陪着自己一起出游，却遭到男友的拒绝时，你会是如何的一番反应呢？是立刻与之做一番言辞激烈、针锋相对的争吵，企图让他为你做出妥协呢？还是选择像当年的林徽因一样选择默默地离开，尽管自己当时心中充满了失望呢？

其实有的时候女人应该学会体谅男人，未必说他一时对你的拒绝，就一定是不爱你的表现。一个聪慧的女子，是不会有这样绝对而幼稚的想法的。就如同林徽因，她了解梁思成，知道他一生皆以事业为重，视事业与理想为自己生命的真谛，于是他总是时时刻刻毫不放松地争分夺秒地学习，所以她也常常因此而被拒绝，这是她意料之中的事情，尽管失望是在所难免的事情。但是林徽因明白，爱情说到底就是一种对被爱的人的一种包容、一种接受和认可。因为只有这样，两个人才能够得以长长久久地携手一路走下去。

这样的一种懂得，是每一个女人都应该学会的，因为爱情的长久说到底源于彼此的包容与原谅。这里的包容不是纵容，它是一种胸襟，一种气度，一种和解矛盾的方式；原谅不是忘记，它是一种尺度，一种原则，一种缓和氛围的方式。这样的一种懂得，说到底也是就对于爱情本身的一种维护。

如同一段婚姻，你若希望它长久、圆满并且美好，单凭当方面的"我以为"是绝对不可能做到的。一段美好的婚姻，需要夫妻双方两个人共同去经营，相互体谅、忍耐包容。

我们总是看到这样那样得感叹，说在自己一生漫长的旅途之中，能遇上一个人、爱上一个人并与他（她）从异性结为夫妻，用你的名字、他的姓氏共同来谱写往后大半生的故事，是多么美好而值得珍惜的事情，是上苍的造化，是前世的修行，是"百年修得同船渡，千年修得共枕眠"的难得……然而又有多少人真正懂得，想要维持一段长久的夫妻之爱，就得在家庭婚姻中有一颗包容的心？又有多少人真正懂得，两个人在一起，更多的不是改变对方，而是接受对方；不是光想着如何才能改变对方，让对方臣服于你的思想之下，因为这样的相处不是爱、不是生活而是一场烟火无形的战争！

交出彼此的心，
赋予感情更深一层的范畴

"我相信你！"

你经常跟身边所爱的那个人说这样的一句话吗？千万不要忽略了这句只有短短四个字的话语。它的威力可是不容忽视的。特别是从男人的角度听来，它甚至比任何甜言蜜语都更加有效。

聪明的女人应当懂得，说到底每一个男人心中都有一个武士，他披着一身光亮的铠甲，反映了男人基本的爱情需求，他需要肯定和信任。

而信任本身就是一种爱。

词典之中是这样解释"信任"这个词汇的：相信而敢于

托付。

林徽因的父亲是当年一位才华横溢的政治梦想家和探索者林长民，自幼便聪慧可人的林徽因一直深受林长民喜爱。而梁思成是梁启超的长子，也是梁启超最喜爱的儿子。林徽因与梁思成的这一段姻缘有着许多羡煞旁人的地方，比如两家显赫而登对的地位；比如梁启超对微因的喜爱等等，正因为是这些因素的所在，于是两家的父母便早早地为他们结了亲。有些人认为，林徽因之所以会和梁思成结缘，说到底依旧还是存在着一种类似于封建婚姻的影子，然而这丝毫没有影响到两个人彼此的欣赏和深爱。

两个学识相当、志趣相投的人儿·路相伴前行，双双来到宾夕法尼亚大学学习建筑，并以优异的成绩毕业。后来成为沈阳新成立的东北大学建筑系最早上任的两位教授（当时东北大学是国内最早开授建筑课的高校）。

林徽因有着娇美的容貌与身材，又有着很高的才学，不仅擅长建筑，而且写一手好诗，才气俱佳。被她深深吸引的人又何止梁思成一人，才子徐志摩也是其中之一。后来林徽因与梁思成顺利结婚，一家人与徐志摩成了很好的朋友。当时林徽因与梁思成家聚集了各路文化名人、知识分子在一块总是有说不完的故事，聊不完的话题，来到这里的人都会被林徽因的学识、才气所折服，当然还有她的美丽。

　　生活当然是无法一直的一帆风顺下去的，后来的林徽因和梁思成又共同经历了日本侵华、国共内战的艰难岁月，两个人相互提携，在生活和事业上相互帮助。更重要的是这段时间梁思成对中国古建筑的研究已经有了很大的成就，并已经蜚声国内外。

　　知道林徽因的人，都无不沉痛于病魔对她不止一次的折磨与纠缠，然而，病痛并能够阻止她对理想的追求，也不能够阻止她对梁思成的真挚情谊。

　　在江晓英老师的《林徽因：民国最美的女神》一书中，就有过这样一段关于林徽因与梁思成感情的评论：

　　在身体还不错的时候，林徽因坚持同梁思成一起出行考察，他们足迹从东南到西北，从南方到北方，许多地方都留下他们的身影和足迹。学社考察清苦，也有许多危险，他们在行进中，生性乐观活泼的林徽因，一群年轻有理想的人，他们将这些困难抛开，一些考察日记清楚的记录到："下午五时暴雨骤至，所乘之马颠蹶频仍，乃下马步行，不到五分钟，身无寸缕之干。如是约行三里，得小庙暂避。"又说："行三公里骤雨至，避山旁小庙中，六时雨止，沟道中洪流澎湃，明日不克前进，乃下山宿大社村周氏宗祠内。终日奔波，仅得馒头三枚（人各一），晚间又为臭虫蚊虫所攻，不能安枕尤为痛苦。"在梁思也有这么一段记录："今天工作将完时，忽然来了一阵'不测的风云'，在天晴日美的下午五时前后狂风暴雨，雷电交作。我们正在最上层梁架上，不由得不感到自身的危险。不单是在280多尺高将近千年的木架上，而且近在塔顶铁质相轮之下，电母风伯不见得会讲特别交情。"自然条件和考察条件不是一般相信的那么艰苦，而是非常的艰苦，时常有各种风险存在，鸟虫干扰，土匪劫匪的袭击，无法预料的路途未知，都需要他们一一去经历和处理。

梁思成的建筑著作，许多都有林徽因的痕迹，不单单是考察，还有著作的修订、定稿，校核等。在为《清式营造则例》写序时梁思成特别说明："内子林徽因在本书上为我分担的工作，除'绪论'外，自开始至脱稿以后数次的增修删改，在照片之摄制及选择，图版之分配上，我实指不出彼此分工区域，最后更精心校读增削。所以至少说她便是这书一半的著者才对。"

这一对比肩的爱人同志，他们一路携手的事业，你中有我，我中有你，真正诠释了中国人常说的"夫唱妇随"的内涵，且发扬到了极致。

第四章　做自己，成就别致的美

　　一个人，最难的就是做自己。在那些纷纷扰扰，是是非非的红尘之中，如何才能做一个淡然、安静、别致的自己，是一个值得每一个人认真思考、仔细对待的问题。有的些人，看似平凡，但却留给了人们为之惊艳的印象以及永难磨灭的记忆，说到底这也是一种绝世的美丽，就如同那一句歌词所说：

　　「我就是我，是颜色不一样的烟火……」

韵味，

让红颜千年不老

　　韵味是女人很重要的、不可或缺的要素之一。女人拥有漂亮的容颜固然重要，可是光有漂亮的脸蛋，没有韵味也是不行的。林徽因的美丽，便在于她既长得美丽又有内涵，十足的韵味，让她留在了很多人的记忆之中。

　　"我这一辈子就只那一春，说也可怜，算是不曾虚度。就只那一春，我的生活是自然的，是真愉快的！（虽则碰巧也是我感受人生痛苦的时期）……朔夜奇怪，竟像是第一次，我辨认了星月的光明，草的青，花的香，流水的殷勤……"

　　这是徐志摩在《我所知道的康桥》中写的一段文字，字里行间，无不抒发着他对剑桥的感情，也抒发着他爱恋中难忘的感情。他生平第一次深刻地体会到爱恋一个人得痛苦和甜蜜，尽管那个时候他已经和妻子张幼仪结婚六年了。

徐志摩对林徽因的感情是非常强烈的。因为林徽因给了他一种灵性的觉醒，因此他怀着一种对爱与美以及自由的理想去追求林徽因。

他喜欢林徽因淡如春山般的双眉，他喜欢林徽因盈盈如秋水般的眼睛，他喜欢林徽因脸上那一对时隐时现的笑窝。他与她无拘无束地谈心，她空灵的艺术感觉和她的见解与谈吐，常常给予他的思维以无限的灵感和火花。

林徽因对徐志摩的种种吸引，归根结底来说就是韵味。

亦舒说："如今人岂能只靠一张脸？学识起码打五十分，仪表姿态二十分，性情品格二十分。"

当然在实际的生活之中，我们不可能真的制订一张积分表格来记录自己或者他人是否真的"学识五十分、仪表姿态二十分……"，可是说到底仪态就是一个人的内在气质的表露。情感丰富的林徽因也正因此在徐志摩心里烙下了深深的烙印。

当然，对林徽因这样一世动情、念念不忘的男人不止徐志摩一个，金岳霖如是，梁思成亦如是。

所以常常用林徽因的例子来提醒身边的女子，对于一个女人来说，韵味是非常重要的。你不一定要长得漂亮，但你必须要有韵味。不管你是都市白领还是校园女孩，请记住永远不要以大大咧咧地面目示人，在你心中要时刻记住：矜持永远是女人保持韵味的最高品位。

用概括一点的话来说，"韵味"就是所谓的"女人味"。

当然，传统定义上的"女人味"是柔弱、被动、善感与孩子气的整合体，尤其重视外表与言谈举止。它要求女人应该有万种的风情，应该面冷心热、懂得以退为进，让男人们为之意乱情迷。

时至今日，时代早已更改，女人味也被赋予了一个崭新的定义。再简单不过的，只要你具有自己特殊的气质便够了。这里头的特殊气质不限于传统的温柔、体贴和教养，也包括了坚强以及进取心。

无论你是高级白领还是普通家庭主妇，你若懂得在传统和现代之间寻找一个平衡点，在追求性感火热的时尚之美的同时，不忘传统古典的雅致婉约，在事业上与男人齐头并进、你追我赶的同时，也不失一个小女人的小情调、小幸福，这必将是一件非常美好的事情。

女人的韵味像酒一般，需要经过酝酿、经过积累、经过沉淀，需要用一颗真诚的心去改变、去学习积累与创造。女人的韵味是温和的细水长流，沁人心脾、润物无声，让人舒服而不觉其存在，失去时怅然若失。若即若离，慢慢释放能量，才是个中真味，至高境界。

个性，

成就了别致的自己

世上没有两朵相同的花，世上没有相同的两棵树，没有相同的两片叶子，也没有相同的两个人。你是你，我是我，你不是别人，别人也不是你。

这就是所谓的"个性"。作为一个生活在现代社会的女人，个性尤为重要。因为一个女人唯有拥有个性化的气质，才能赢得大家的注意和青睐，才能够在第一时间吸引到众人的目光。

谁都不愿意自己的一辈子仅仅只当一个可供摆设却没有实用价值的花瓶的。因为失去了个性、空有动人的外表，即使有一身华贵的衣着，也失去了令人回味的空间，如同一壶隔夜茶，徒留一身索然无味。

个性化的美，是一种不容逆转的潮流。你若拥有，便能成就与众不同的自己。

西施捧心是千古美谈，东施效颦却是滑稽笑柄，你不想成为传说中的东施，唯有更加用心地发掘自己独特的潜力，摆脱所谓的传统审美观念，走出随大流、人云亦云的误区，才能有机会塑造自己完美的形象。

林徽因留给后人很多美丽的旧照片，看着这些照片，你或者会有一种感觉，她是一个温柔如水的女子，说话轻声细语，偶尔带点文艺范的小惆怅，江南女子弱柳摇风的样子或者是你对她的第一印象。

但是，正是这样一个外表看似纤弱的女人，终究还是用她一辈子的坚持与顽强，向所有的人们证明了自己．"我就是我，不是别人，我是林徽因，不是一句美丽，不是一句温柔足以涵盖的。"

假若她可以穿越来到现在，她完全可以烟视媚行于车水马龙的街道上，用最时尚的语言说："我是林徽因，我为自己代言。"

研究林徽因的学者和专家都用了"混合体"这个词汇来形容她。她既是一位置身在原本该是充满男性气息的职业范畴中，用科学严谨的精神去考察建筑物，甚至必须忍受常年的风餐露宿之苦的女建筑师，又是一位浪漫唯美的女诗人，在她婉转的笔触下，常常流露出清丽、细腻又复杂缠绵的诗句；面对徐志摩浪漫的追求、金岳霖真挚的守护，她并没有因为一时的冲动而意气用事，却以一种平凡女性无法理解的理智，选择了与自己志同道合、站在同一个起跑线上的梁思成做了丈夫……

林徽因的性格与外表从来就是如此矛盾的。貌美如花的外表，男子般豪爽的性格，她热衷骑马，也善于喝酒，她个性直爽、颇是急躁，但又心思缜密，常常将亲人朋友光照得巨细无遗。用现代人的词汇来形容就是一位"爷"。

说林徽因是一个"混合体"其实一点都不为过，科学、艺术、理智、情感、男性化、女性化等等之类的特质看似对立、矛盾但又完美地结合在一起，成为其别具一格的个性，让人倾倒、使人着迷。

晚年的梁思成一直这样评价与怀念着他的妻子："林徽因是个很特别的人，她的才华是多方面，不管是文学、艺术、建筑乃至哲学她都有很深的修养。她能作为一个严谨的科学工作者，和我一样到村野僻壤去调查古建筑，测量平面和爬梁上柱，做精确的分析比较；又能和徐志摩一起，用英语探讨英国古典文学或我国新诗创作。她具有哲学家的思维和高度概括事物的能力，所以做她的丈夫很不容易。中国有句俗话'文章是自己的好，老婆是人家的好'可是对我来说，老婆是自己的好，文章是老婆的好。我不否认和林徽因在一起有时很累，因为她的思想太活跃，和她在一起必须和她同样的反应敏捷才行，不然就跟不上她。"

这就是充分发挥自己特长、塑造自己完美形象的效果。林徽因留在丈夫梁思成、儿子梁从诫，乃至一众好友的心目中的地位，是永远都无可被替代的。

后来，她的好友费慰梅女士这样分析："当我回顾那些久已消失的往事时，她那种广博而深邃的敏锐性仍然使我惊叹不已。她的神经犹如一架大钢琴的复杂的音弦。对于琴键的每一触，不论是高音还是低音，重击还是轻弹，它都会做出反应。或者是继承自她那诗人的父亲，在她身上有着艺术家的全部气质，她能够以其精致的洞察力为任何一门艺术保留自己的印痕。

"年轻的时候，戏剧曾强烈地吸引过她，后来，在她的一生中，视觉艺术设计也曾间或使她着迷。然而，她的真正的热情还在于文字艺术，不论表现为语言还是写作，它们才是她最新的表达手段。"

说到底，每一个人都是一个独立存在的自我，生来就注定与众不同。而每一个人的个性，是美的真正体现，是展示一个最完整、最真实的自我的方法，适当的表露自己的个性与特点，是一种人性的解放，更是一个睿智女人最理性的选择。

在纷扰的红尘中，保持自己的个性吧，它终将帮你成就最别致的自己。

优雅女子，

一道难忘的风景

　　林徽因的独特，不仅仅在于她的美丽，更多的是她的优雅与聪慧。一个聪慧的女子，她的心中总是有无数的关于春天的盼望和期待。因为她知道无论冬天如何的寒冷，但终究会有过去的一天，而春天，一定会在不远处等着你。一个优雅的女人，懂得如何在最好、最恰当的场合表现自己，让成熟、优秀、文雅、娴静等等的各种气质与品位，在自己的举手投足之间得到最好的表现。

　　一个女子的优雅，就像无形的精灵，总是在人们不经意的时刻悄悄潜入人们的心灵之中。即使在她最不经意的时刻，一个眼神、一句话语、一个动作、一抹微笑都足以感染她身边的每一个人。

很多时候，女人的优雅是一种由内而外散发的味道，在任何时刻的一举手一投足之间，显露着独特的曼妙气息。一个优雅的女人可以没有惊艳的容貌，但是不能没有清新淡雅的妆容；一个优雅的女人可以没有模特的形体，但不能没有匀称的身材；一个优雅的女人可以没有优越家境的熏陶，但绝对不能没有闲适恬淡的处世态度。更重要的是一个优雅的女人，在面对众多的纷争之时，一定不会冲动地让自己缺失了忍耐、理解与宽容。

让自己成为一个优雅的女人是所有女人的追求，那么具体又该注意哪些细节呢？

第一，在任何一个场合，不要以装酷为目的地故作冷漠或者表情木然。要知道一个优雅的女人首先是要保持亲切微笑的，因为微笑可以给人留下深刻的印象，同时也让人对你产生强烈的好感。

第二，不要败在穿衣打扮这个关键环节上，别是反反复复地多重穿衣，因为这将使原本苗条利落的身姿多了累赘感，杂色纷呈的色块与线条也会瞬间降低你的形象品质。

第三，千万记住口气要时刻保持清新。不管一个女人的形象有多么整洁，只要是她存在口气不洁的情况，就会令她的形象大打折扣。所以常常检查自己是不是存在口气的问题，尽量避免吃那些气味浓重、异味的食物是非常必要的。

第四，适度的自我千万不能丢。你常常过于迁就某一些人吗？你常常盲目没有目的地跟从某一些人吗？你是一个有主见的人吗？你不要以为凡事全听从别人的意见会得到更多的人的喜欢，其实这是大错特错的。无主见的性格非但没法为你增加印象分，还会引起别人的反感，甚至让人忽略你、感觉不到你的存在。所以在公众场合之中，适度的保持自我，不强作安静地扮演一位淑女，也不偏执的走极端，以为自己必定是鹤立鸡群的某一位，这是每个女人都该谨记的法则。

最后，适当地、恰到好处的同身边的人开一些轻松、无伤大雅的玩笑吧。这样一来便可调节一下气氛，减轻工作中所产生的压力，还可以从另一个角度增加自己的人际亲和力。不要担心你天生不具备幽默细胞，这丝毫没有关系，你完全可以多翻翻书、看看幽默漫画、看看某些搞笑的娱乐电视节目等等，只要有心，有意无意地储备这方面的知识，在你需要的某一个时刻，这些诙谐幽默的灵感就会自然及时地从你的头脑里冒出来。

其实，做一个优雅的女子不一定很容易、很简单，但也不是很困难的事情。只要你心中时刻保持一个概念、一个意识，时刻做个有心人，世上的事情，没有任何一件是无法实现的。

旖旎万千的
仪态之美，让人折服

当年一个"林下美人"的美称，羡煞了天下无数的女子。至今日，仍有不少的女子希望自己能够拥有如林徽因般的魅力，于万丈红尘之中留下一抹美丽的印痕。

但其实，我们很多人心里都是清楚的，容貌姣好的人，不一定仪态也美；相反，举止优美的女人，也并不一定是容颜美丽。若仪态与容貌如林徽因一般出众，自然是最好的，不过更重要的是，即使是长相普通的女人，只要有优美的仪态，同样也能随时散发出强大的魅力。

那么你知道自己应该在哪些方面加以用心，让自己在举手投足之间表现出与众不同的气质和品味吗？

一个成功的戏剧表演者讲究自己在舞台上的"唱、念、坐、打"，其实这几个范畴移植到生活中来，同样重要。

诸如"坐"。坐姿是一门艺术，极为关键，坐姿不好，将使一个人的形象直接受损。你想做一位优雅高贵的"女神"，还是一位缺乏教养的女人，它将直接决定你的分量。

优美的坐姿，从你从某一个角落走向椅子、接近椅子的一刹那间便已开始。最正确的动作应该是不论急缓，都该放轻松下来，走近椅子，左脚放在椅子前方的中间位置、向反半转身，屈膝慢慢坐在椅子上，两脚合起来往右边挪一挪，左脚置右脚后面坐好来。

你千万不要看见椅子，扑通一声马上坐下去，让自己显得体态笨拙不止，还有可能出现坐得太急导致不稳，直接坐空在地上的笑话，惹人嘲笑不止，还让自己显得很是无礼。

而且不管椅子有没有靠背、扶手，你的坐姿都要适当的调整。有时候我们常常会看见那么一两个一坐下来就将自己的双腿岔开，双手垂直放下来的女人，或许这是她们无意识间的举止，但是却带给了旁人无限的尴尬。甚至有的人还会不经意的抖脚、玩弄手指、弯腰驼背。要知道这些陋习都会或多或少地损害你想维持的优美仪态的，所以要随时随地地提醒自己戒掉这些不好的小动作。

一个优雅的女人一定会让自己的坐姿显得端正、舒适、自然、大方，她会将自己身体的重心平稳地落在椅子上，一旦坐下来，就绝不东张西望、左顾右盼。如果坐的时间较长，她会让自己的身体略微倾斜，面向他人，双腿交叉，显得自己优雅而舒适。

无论是椅子还是沙发，都不要一次性地将它坐满，因为唯有坐下一半，才能让自己保持自然端庄的坐姿。假若是长时间的久坐，你可以把头靠在椅背上，但千万不要将自己的双脚伸直，成半躺半坐的样子，或者直接把头仰到椅背后面，要知道此类种种在别人眼中，可是极为不文雅的。

记得小时候，常常会听到长辈们这样教导我："坐有坐姿、站有站相。"当年少不更事，总以为那是成年人对自己的苛刻。直到自己终于成年才知道站立的姿势对整个人的仪态有着如何重大的影响，特别是对于一个职场中的女人来说，更为重要。

也许你认为弯腰驼背、左摇右晃的站姿，会让你觉得很舒适。或者你觉得自己疲劳困倦、劳累烦乏的时候，就应该倚在柱子或者墙壁上。诸如种种，可能真的可以从一定程度上缓解你的疲累，但是如果你真的在意自己的仪态，那么请千万坚决地对它们说不。

如果你真的感觉很累，不妨试试将自己的肩膀稍稍向后，让自己看起来挺直并且精神一些，双脚可以间歇交替变换站立的姿势，让自己稍微感觉好一些。

之所以这么要求，是因为作为女性，保持身体正直、挺胸收腹才是最好的站姿，而那些弯腰驼背、左摇右晃或者斜靠在柱子、墙壁上的动作，只会带给人一种懒散、轻薄的感觉，根本无半点美感可言，是绝对不可取的。

此外，注意好以下的一些小细节，也能让你充分利用自己的身体，适时地表现出自己的仪态美。

有空的时候做做伸展、屈曲和摆动的动作训练，保持身体的柔软性，可以让你的一举一动都给人一种温柔、轻盈的感觉。

一个心地坦然、和蔼可亲的女人，她和别人说话的时候，一定是身体保持正直、两眼平视的，你不妨也试试。

找一个空气清新的早晨，到庭院里头走一走、散散步吧，看看开放的野花、远飞的小鸟、盎然的绿意，让自己的身心彻底地放松下来。

在该睡的时候睡，该醒的时候醒，唯有精神饱满，你才能时刻保持充满的力量和满满地自信心。

因为你的心中始终有个美好的愿望，愿此生是个精致的女子，烟视媚行，如同林徽因一般。

在生活的
每一个细节用心

在我们生活的周围，总会有些女人天生很有优势、条件突出，只需要稍加修饰就能显得很完美；而有的女人往往只拥有一副华丽的外表，穿衣打扮样样精美，却唯独缺少了内涵，显得空有其表，令人遗憾；还有更多的女人因为这样那样各种方面条件的限制，不大注意自己的衣着、言行以及自身所释放出来的个人魅力，浑身上下五颜六色，直接缺失整体协调的美感；也有些女人无论在什么长后，讲话做事粗声粗气，只用自己喜欢的语言而不管别人是否接受、会否反感，这样的女人，又如何谈及品味以及被人所向往爱慕呢？

以此自省，你是这样的女人吗？

一个有品位的女人应该是那种自己可以不讲话，但一定有很多追随者，足以引领潮流的女人。比如林徽因，在人们的记忆中，她总是一副得体的打扮，时而娴静、时而执着的性格，谈吐之间的细微处，常常仿若存在着一种磁性，高贵而矜持，给人一种极为舒畅的感觉。

从幼年开始，爱读书容貌美丽又有才华的林徽因很自然便博得了老师和同学的众多好感。在众人的眼中，她就好像一株新鲜的栀子花，为当年沧桑的尘世增添了诗意与柔情。栀子花清雅的香气在那个早已满是烟尘的年代中徐徐飘散着，美丽且不自知，并由此而更添韵味。

有一些女子的美丽是与生俱来的，有一些女子的美则要经历时光的沉淀才能缓缓呈现。当然林徽因是属于那种前者与后者相互结合的类型，高贵清白的出身，面如芙蓉眉如柳的容颜，再加上聪慧娴静喜爱文学的才情以及后天不断的努力，如此的女子，注定将拥有一个不平凡的人生。

品味和格调来自于积累，来自于一个人本身不断地学习和不断地进步，因为只有这样、也唯有这样，才能恰到好处、恰如其分地体现出每一个特定时代的气息和美感。当然在你我的身边也常常有这样的一些女子，她们为生活、为家庭、为丈夫子女做出了太多太多的牺牲，乃至于将自己的青春都耗费在其间。这样的女子是可敬的，但也是可怜的，假如她再不善于多为自己着想，多学习，多为自己制造一些与这个时代共同进步的学习机会的话，恐怕终有一日她会被无情地抛离这个时代。

历史的长河永远记下了这一幕，那是 1924 年 10 月 4 日，泰晤士河出海口被晨曦耀眼的阳光涂成了金黄色，蔚蓝的海面犹如一块高贵的玛瑙，静静地沉淀在前方不远处，独自闪耀着华贵的光泽。林徽因和父亲林长民站在甲板上，一袭湖绿色的连衣裙，亭亭玉立，清新、娇艳，在一群金发碧眼的西方男男女女中显得格外引人注目。

而正是这样一个如同花儿一般清新高洁的女子，让另一双饱含深情的眼睛自此永远地将其铭记，一纠缠竟是一辈子。

当然我们不是强调一个有品位的女人就必须一辈子都让自己处在轰轰烈烈的风口浪尖之上才算圆满。一个平常的人生也可能是百味的人生、有色彩的人生。不要因为被灌上"平常"这个词汇，你就对它产生了偏见，要知道平常之中也可以有七彩斑斓的颜色，同样也能美丽多姿给人增添无限的信心和向往。

或者这样的人生更是任何一个女人都需要的人生。轰轰烈烈地追求事业，坚定执着地期待爱情同样美好，只要时刻谨记着不要让自己与庸俗为邻、与陋习为伍，用心在生活的每一个细节之中保持多一点点的清雅、多一点点的高尚和多一点点的美丽在里头，你的人生便将能如同林徽因一般精彩纷繁。

让时尚成为
自己一种独特的格调

　　如今这个精彩的时代是一个推崇时尚的时代。时尚让当今女子的生活如同天边的彩霞一般灿烂精彩，自由、个性、活力、魅力。

　　三三两两的女人聚在一起，谈论得最多的话题是关于时尚的话题，时尚的言语、衣着、饰品……时尚之所以被如此多的人追求与向往，原因在于一个时尚的女子永远都是人群中的焦点，令人瞩目。所以无论什么时候都不要忘了提醒自己尽一切可能做一个时尚并且独特的女人。

　　当年林徽因真正让梁思成印象深刻的原因是因为一次偶然谈

话，那是一个花季少女和一个校园才子之间的关于理想的对话。

当时的梁思成笑言："我定然是跟父亲一样，样样都爱，样样都不精，也许，我以后会和他一样，从政？"

对此，林徽因并没有像其他女子一样露出向往的神色，而是不以为然地说："从政需要磨炼，也需要天赋。古往今来，把政治之路走得顺风顺水的不多，即使我的父亲，也许还有尊驾——不好意思，唐突了，不过这不是我操心的，我感兴趣的是建筑。"

梁思成也为眼前这个清新女子的一番话语感到惊讶了，他反问："建筑？你是说，盖房子？女孩子家怎么做这个呢？"

林徽因翩然一笑向他解释道："不仅仅是盖房子，准确地说，是 architecture，叫建筑学或者建筑艺术吧，那是集艺术和工程于一体的一门学科。"

正是这样的一段谈话，林徽因以其超脱当时女子的思维和独特的个性深深感染了梁思成，自此之后，梁思成决意要把建筑作为自己终生的事业和追求。

据后来梁再冰女士在《回忆我的父亲》一书之中，便讲述了她的父亲母亲第一次见面时的情景：

父亲大约十七岁时，有一天，祖父要父亲到他的老朋友家里去见见他的女儿林徽因（当时名林徽音）。父亲明白祖父的用意，虽然他还很年轻，并不急于谈恋爱，但他仍从南长街的梁家来到景山附近的林家。在"林叔"的书房里，父亲暗自猜想，按照当时的时尚，这位林大小姐的打扮大概是：绸缎衫裤，梳一条油光光的大辫子。不知怎的，他感到有些不自在。

门开了，年仅十四岁的林徽因走进房来。父亲看到的是一个亭亭玉立却仍带稚气的小姑娘，梳两条小辫，双眼清亮有身材，五官精致有雕琢之美，左颊有笑靥；浅色半袖短衫罩在长仅及膝下的黑色绸裙上；她翩然转身告辞时，飘逸如一个小仙子，给父亲留下了极深刻的印象。

或者从某个角度来看，当年的梁思成对林徽因估计算不上一见钟情，可是好感却是不容疑问的。从梁再冰女士的记述之中可以看出，林徽因与当时的女子相比是极为独特的，显得比当时的女子更为时尚，她散发出来的一种难以言说的魅力深深地吸引了梁思成。时隔三年之后，当十四岁的少女经历了一年多的异国生活后，她的眼界比寻常人家的女孩开阔许多，身上也就此多了一份大气脱俗；再加上敏捷的思维，优秀的谈吐和出落得越发魅力的容貌，二十岁的梁思成动心了，他清楚地意识到眼前的女子，就是他心中暗藏深处却又深深期待的缘分。

闭上你的眼睛，设想一下这样的一个场景，在纷乱嘈杂的大街或者杂乱无序的小巷里头，出乎意料的走来一个女人，她也许没有惊为天人的面孔，也不是穿着多么应时高尚的衣裳，但当她翩然地从你身边走过时，那张恬静淡然未经修饰的面孔和清新若素的眼神犹如脱离红尘的精灵，瞬间便让人着迷，让人感到意乱情迷，过目难忘。这就是文字之中所谓的"时尚独特的女人"。

1924 年 4 月 23 日，9 时 24 分。

一列墨绿色的火车缓缓地驶进北京前门火车站的月台上。梁启超、蔡元培、胡适、蒋梦麟、梁漱溟、辜鸿铭、熊希龄、范源濂、林长民等一群文化名人装扮一新，神情庄重严肃地等待着。万绿丛中一点红的林徽因也在那里翘首期盼着。那时的她身穿着一件咖啡色连衣裙搭配米黄色上装，素净淡雅。手中捧着一束红色郁金香，年轻娇艳的面容被花儿衬托得更加动人。

火车载来了从印度跋涉而来的诗人泰戈尔。这一次聚会，为当年的北京城留下了一个永恒的画面。

欢迎泰戈尔的集会最终选在天坛公园的草坪上举行。在一片激动而热烈的掌声中，林徽因搀扶着泰戈尔登上演讲台，担任同声翻译的是徐志摩。那一天京城的各大报纸都在头条上报道，刊登了这次集会的空前盛况。报纸上面那一张后来我们经常看到的、珍贵的林徽因、泰戈尔、徐志摩三个人的合照顿时成为人们关注的焦点。大家都说林小姐人艳如花，和老诗人挟臂而行，加上长袍白面、郊寒岛瘦的徐志摩，犹如苍松竹梅的一幅三友图。彼一时，林徽因的青春美丽，徐志摩的风度翩翩，加上泰戈尔的仙风道骨相映成趣，带动了当年北京城的一大时尚，成为家家户户的美谈。

说到底，时尚其实就是一种格调，类似于当年"岁寒三友"之类的一种品位。从这一点上来看，当年的林徽因无疑便是北京城中最为时尚的女子之一。她的魅力在于开拓了时代潮流，触摸了时尚的脉搏却丝毫不落半分俗套。

在许多人的眼中，她永远是一个美丽性感、热情奔放、潇洒超脱、注重细节的女人。正是她将现代时尚与古典文明完美的联系融合起来，打造出最适合自己个性的形象。

无可置疑的是，林徽因的神韵和雅致来自生活中的每一个小细节，她的一颦一笑、一个会意、一句娇嗔都无不透露出她别致的气度和神韵，永远无法被任何人所取代。就像当年泰戈尔临离开北京时特别为她创作的一首诗歌所说：

蔚蓝的天空

俯瞰苍翠的森林，

他们中间

吹过一阵喟叹的清风。

不遗余力地坚持，

因为相信今夜的星空必将灿烂

罗曼·罗兰说："只有一种英雄主义，就是在认清生活真相之后依然热爱生活。"

热爱生活，善待自己，是世间每一个精致聪慧的女子所应该具备的心理特质。不管此时此刻你的人生遇见什么样的波折，我们都应该时刻提醒自己不要总是迷茫地生活，失望于过去，茫然于现在，胆怯于未来，更不要总是无聊地攀比，肤浅地羡慕，笨拙地效仿，学会去仰望星空，拥抱阳光。

1954 年秋天与冬天交汇的时节，林徽因再一次病倒了。可是这一次终究来得与以往不同，她身上所有的力气，仿佛在一夜之间被常年反复的肺病消耗得一干二净。她面如死灰，双眼深陷，整夜整夜地咳嗽，片刻的安睡对她来说已经是无法企及的奢侈。

镜子在这个时候已经成为林徽因最怕看见的东西，她再也鼓不起勇气让自己触碰那块明亮且不会掩饰说谎的玻璃，她害怕看到自己此刻瘦骨嶙峋的面容。

医院的日子是千篇一律的，每天全是依照惯例的打针、吃药、量体温、测脉搏……可即使在这样的状况下，病重的林徽因还是得到了众多医生、护士们的喜爱与尊敬。

在他们的眼中，她是多么好的一个人啊，待人谦和，没有任何一点架子，即使病重都不愿意轻易给任何人增加一丁点儿麻烦。

无论病痛如何的将她折磨，她在众人的眼中，始终是当年那个优雅如初的女子。因为那是一种由内而外散发的气质。

林徽因的好友费正清在他的《费正清对华回忆录》中，也曾经满怀深情地讲述过 1942 年在李庄探望林徽因和梁思成一家的情景：

> 梁家的生活仍像过去一样始终充满着错综复杂的情况，如今生活水准下降，使原来错综复杂的关系显得基本和单纯了。首先是佣人问题。由于工资太贵，大部分佣人都只得辞退，只留下一名女仆，虽然行动迟钝，但性情温和，品行端正，为不使她伤心

而留了下来。这样，思成就只能在卧病于床的夫人指点下自行担当大部分煮饭烧菜的家务事。

其次是性格问题。老太太（林徽因的母亲）有她自己的生活习惯，抱怨为什么一定要离开北京；思成喜欢吃辣的，而徽因喜欢吃酸的，等等。第三是亲友问题。我刚到梁家就看到已有一位来自叙州府的空军军官，他是徽因弟弟的朋友（徽因的弟弟也是飞行员，被日军击落）。在我离开前，梁思庄（梁思成的妹妹）从北京燕京大学，经上海、汉口、湖南、桂林，中途穿越日军防线，抵达这里，她已有五年没有见到亲人了。

林徽因非常消瘦，但在我做客期间，她还是显得生气勃勃。像以前一样，凡事都由她来管，别人还没有想到的事，她都先行想到了。每次进餐，都吃得很慢；餐后我们开始聊天，趣味盎然，兴致勃勃，徽因最为健谈。傍晚五时半便点起了蜡烛，或是类似植物油灯一类的灯具，这样，八时半就上床了。没有电话，仅有一架留声机和几张贝多芬、莫扎特的音乐唱片；有热水瓶而无咖啡；有许多件毛衣但多半不合身；有床单但缺少洗涤用的肥皂；有钢笔、铅笔但没有供书写的纸张；有报纸但都是过时的。你在这里生活，其日常生活就像在墙壁上挖一个洞，拿到什么用什么，别的一无所想，结果便是过着一种听凭造化的生活。

我逗留了一个星期，其中不少时间是由于严寒而躺在床上。

我为我的朋友们继续从事学术研究工作所表现出来的坚韧不拔的精神而深受感动。依我设想，如果美国人处在这种境遇，也许早就抛弃书本，另谋门道，改善生活去了。但是这个曾经接受过高度训练的中国知识界，一面接受了原始纯朴的农民生活，一面继续致力于他们的学术研究事业。学者所承担的社会职责，已根深蒂固地渗透在社会结构和对个人前途的期望中间。

这是一段多么真实、客观并且珍贵的回忆啊，真实地记录了林徽因在那段最为困苦的岁月里，依然直面生活、乐观生活的坚强。

但凡人生，就一定会遇见"低迷时期"，所谓的"低迷时期"不过就是两种可怕的心态在作祟，一是对过去彻底的否定，二是对未来彻底的失去信心。谁没有经历过一段那样的时光呢？没有人来帮助我们，也没有人来支持我们，甚至别人都误会我们，所有的事情只能是我们一个人去扛着，所有的情绪只有我们自己知道。面临这样的情况，有低落的情绪或者选择逃避，没有方向的迷茫或者失落都是很正常的。我们可以给自己一点时间去舒缓这种情绪，但不能太久。

当我们处在人生的低谷时，不要只是沉浸在迷茫与低谷带来的困苦中，应该想办法去改变这种环境，不要去探究生活的意义这只会让我们更迷茫。生活本身是没有意义的，但我们却可以将它点缀的诗情画意。不要过多地去思考未来，而是立足当下。认真地做好每一个我们可以掌控的事情，不急功近利，踏踏实实一步一个脚印地走稳。

就如同莱蒙托夫的一首诗歌所说："一只船孤独地航行在海上，它既不寻求幸福，也不逃避幸福，它只是向前航行，底下是沉静碧蓝的大海，而头顶是金色耀眼的太阳。"

一个人的成就，并不取决于他如何享受胜利，而在于这个人如何忍受失败。没有什么比信念更能支撑我们度过艰难时光了。

换个角度看人生，
也许生命的风景终将别样的不同

　　林徽因五个年头以来第一次离开李庄是在 1946 年的时候，那时她的身体在经受了长久的病痛折磨之后已经非常的衰弱了。梁思成带着她来到了重庆，住在中研院招待所里。好友费慰梅只要一有时间，就会开着车载着她到周围去游玩散心，并且还为她邀请了美国著名的胸外科专家李奥·埃罗塞尔博士来为林徽因检查病情。

　　后来，他们还找到一家在当时医疗条件较好的教会医院来为林徽因做检查治疗。但是这一次，他们得到的并不是一个好消息。

在经过一番 X 光透视之后，梁思成被医生叫到了治疗室。医生一脸凝重地告诉他："你们现在来已经太晚了，林女士肺部已经成空洞了，一个肾也感染了，我们这里已经没有办法了。她最多还能活五个年头左右。"

这的确是一个非常不好的消息，梁思成只觉得自己顿时犹如五雷轰顶一般的难受，他瘫倒在椅子上，久久无法平静。原本以为他们夫妇俩最艰苦、最难熬的日子已经过去了，本来以为他们一定会苦尽甘来，越来越好，但是为什么偏偏就在这个时候，自己挚爱的人却落得这样的结果？梁思成忽然觉得这是命运在跟他们开玩笑，开一个特别大又特别残忍的玩笑。

面对这样的噩耗，作为当事人的林徽因此时却与丈夫有着截然不同的表现。"坦然"是对她此刻心态的最好的形容，她很平静地对丈夫说："我现在已经感觉好多了。等回了北平，很快就能恢复过来的。"

是啊，一个人最自然的生命历程便是出生、成长、死亡。每个人从开始走上这条旅途到最终到达终点，是非常自然且不可抗拒的经历。只不过在这条旅途之中，会有很多的人，非常忌讳"死亡"这个词汇。

这是因为面对死亡，很多人都选择了逃避，或者认为死亡是离自己很遥远的事情。但是有的时候我们真该学学林徽因这样，换一个角度来看待自己的人生呢？学学她试着从死亡倒回来看待自己的生命，也许我们就能看到一种别样的风景。

无论如何，要学会"放下"。

其实在长期卧病的日子里头，我们应该相信林徽因对自己的人生、对生与死的辩证关系，不是一点都未曾上心过的。应该说，这一定是她思考了很久的一个问题。

张清平老师的《林徽因传》之中，有一段叙述写得极为精彩：

生命的意义难道是为了承受无休止的苦难？如果忍受痛苦是生命不得不接受的事实，如果人度过了一重重磨难最后仍不得不面对那个黑暗的终点，那么，这种承受和忍耐的意义何在？

可是，既然最终的结局已经写好，既然到达那终点只是迟早的事情，那么，何妨坦然地面对生命的每个过程，何妨一天天从容地走过。活着，就尽情浏览生命旅程中的"田野，山林，峰峦"，而一旦死去，就将这人生的负载交给"他人负担"。

林徽因写过一首名为《人生》的诗歌，诗中所抒写的，也就是她本人对于人生的无限眷恋和热爱，以及面对死亡的平静与坦然。

人生，

你是一支曲子，

我是歌者；

你是河流，我是条船，一片小白帆；

我是个旅行者的时候，

你，田野、山林、峰峦。

无论怎样，

颠倒密切中牵连着

你和我，

我永从你中间经过；

我生存，

你是我生存的河道，

理由同力量。

你的存在

则是我胸前心跳里

五色的绚彩

但我们彼此交错，并未彼此留难。

············

现在我死了，

你，——

我把你再给他人负担。

是啊，既然死亡不可避免，那么，还有什么不可以放下？如果你真的能够这么想，那么自此你对于生命也便有了轻松之感。

1947年12月24日，林徽因做了一侧肾切除手术。在她还未进入手术室之前，很多的好朋友都来到医院探望她。金岳霖、张奚若、沈从文、莫宗江、陈明达……朋友们安慰着林徽因、祝福着林徽因、鼓励着林徽因，可是与此同时对于林徽因的真实现状，大家又是如此地担心顾虑。如此大型的手术，早已很衰弱的林徽因承受得了吗？

不过让朋友们觉得欣慰的是，此时的林徽因本人是十分坦然的。她依旧如同平日一般地和朋友们开玩笑、谈天说地，关切地询问着大家各种各样的事情。

她留给远在美国的好朋友费慰梅的诀别是最为经典的："……再见，最亲爱的慰梅。要是你能突然闯进我的房间，带来一盆花和一大床废话和笑声该有多好。"

是啊，事已至此，关于死亡，还有什么是不能面对的呢？有的时候，可怕的往往不是死亡，可怕的是那一份发自你我内心深处地对于死亡、对于人生的恐惧和迷惘，一旦你我能够学会用一种止确的、正能量的角度去看待人生，那么所有的艰难困苦也就都不再是问题了。

法朗西斯·沃恩有一本非常有名的书作叫作《唤醒直觉》的，在其中便提到几个不错的观点，不妨列举上来供大家参考：

观点一，当面临问题或者需要做决定时，人们常常担心决定做错了。通常来说，选择无正误之分，只有喜欢什么选择结果和不喜欢什么选择结果的区别。

观点二，在做决定时，有个有用的办法：进入完全放松状态，设想你已经选择了某一做法，现在是两年以后，你会发现你对出现的图像会有不同的感受，紧随自己内心的感受去选择。

观点三，你比世界上任何人都更清楚自己需要什么，寻找答案时遇到的困难可能不是缺乏信息，而是不愿意或不敢承认你已经知道的东西。

观点四，当你开始看到你为自己创造好的模式，并且知道自己有能力打破他们时，某些物质上的目标就可能不再那么有吸引力了，你会以不同的角度看待生活中的一些具体事情。未来不必是过去的重复。

绝望

有时候其实并不可怕

绝望有时候其实并不可怕，因为在你能够学会坦然地接受了绝望之后，也许你便已经开始迎接接踵而来的丰收了。

1946 年在昆明的日子，是林徽因最快乐的一段日子之一。

有三五朋友的结伴相陪、畅游，当温暖的阳光照在她的身上，她感觉美好，仿佛又回到当年"太太的客厅"的那段年月，只不过如今的她更觉得自己羸弱了、苍老了、憔悴了，但这并未能够真正影响到她。在她的眼里，昆明的一切是如此的美好。于是在她笔下的文字之中，我们看到她这样的记载："所有最美丽的东西都在守护着这个花园，如洗的碧空、近处的岩石和远处的山峦……这房间宽敞、窗户很大，使它有一种如戈登克雷早期舞台剧设计的效果。甚至午后的阳光也像是听从他的安排，幻觉般地让窗外摇曳的桉树枝桠缓缓移动的影子映洒在天花板上！"

从这片言只字之中，我们不难感受到林徽因心里头那一份来对于生活的依旧高涨的热情，以及对美好未来的渴望和憧憬。应该说她的生命之火时时刻刻都是高涨地、不停燃烧地，并未曾因为病魔而消沉过。骄傲如她，一生都在与自己斗争、与生命赛跑，她的顽强意志与乐观的精神，就如同一棵盘根错节的参天大树，将自己深深地扎根在自己所热爱的土地之中。最终，她赢得了自己、赢得了人生、更赢得了大家的赞叹。

就这样，在昆明休息了快半年之后的林徽因，终于带着心里头日思夜想的牵挂，无限渴望的心情，满腹的委屈，即将归来的雀跃以及复杂的情怀，踏上了北归的班机，回到了北平。

是的，在人的生命里，绝望不可避免。但那绝对不是一条不归路，死胡同，除非不愿回头。当路走不通时，需要的只是转个弯儿而已。然后会发现生命的另一种丰盛。

就当时整个中国的局势来说，关于未来，充满了不安的诸多因素，林林总总的这些总是在时时刻刻地扰乱着林徽因以及一众热爱祖国的学者以及知识分子们。中国到底何去何从？中国的未来到底如何？人们不止一次地在心里头这样发问。

渴望安定、渴望家园、渴望祖国强大，不仅仅只是他们心中得诉求，同时也是全中国上上下下无数普通老百姓共同的希冀和祈盼。林徽因曾经在写给费慰梅的信中这样说：

正因为中国是我的祖国，长期以来我看到它遭受这样那样的罹难，心如刀割。我也在同它一道受难。这些年来，我忍受了深重苦难。一个人毕生经历了一场接一场的革命，一点也不轻松。正因为如此，每当我察觉有人把涉及千百万人生死存亡的事等闲视之时，就无论如何也不能饶恕他……我作为一个'战争中受伤的人'，行动不能自如，心情有时很躁。我卧床等了四年，一心盼着这个'胜利日'。接下去是什么样，我可没去想。我不敢多想。如今，胜利果然到来了，却又要打内战，一场旷日持久的消耗战。我很可能活不到和平的那一天了（也可以说，我依稀间一直在盼着它的到来）。我在疾病的折磨中，就这么焦灼烦躁地死去，真是太惨了。

其实通过这样的文字记载我们是不难看出对于眼前战事的持续，林徽因是非常焦急的，但是即使是在这样的环境氛围之中、在身体不断发出预警的情况之下，林徽因却始终是坦然的，因为她始终相信，绝望总是会过去的，而春天必然会在不远处向着人们招手。

无论如何，

我们都应该学会在逆境之中微笑

无论如何，我们都应该学会在逆境之中始终让自己的脸上保持迷人的微笑。因为我们经常这样告诉自己抑或别人："一个能在逆境中微笑的人，要比一个面临艰难困苦，勇气就退缩的人伟大了许多，一个能够在一切事情与他的愿望相悖而微笑之时而微笑的人就是胜利的候选者，因为拥有这样心态的人，是常人难以达到的。"

其实，我们都应该懂得，一个忧郁、阴沉、颓废的女人，在社会上是很难得到别人的重视的。因为说到底人们不喜欢忧郁与阴沉，就像人们不喜欢那些不协调的图形图画一样，没有人愿意长久地面对这些图案，并且研究它们、赏析它们；或许有人会表现出自己一时的兴致，但也仅仅只是看看而已，然后便会毫不犹豫地转身离开。

这是因为人的本能都会趋向那些和蔼可亲，幽默风趣的人或者事物，所以要使别人喜欢我们，首先要让自己时刻都保持优雅的微笑。

1939 到 1940 这两年期间，战争、疾病和通货膨胀让林徽因真正体会到了生活的不易与艰辛。

1940 年的秋天，林徽因收到了费正清和费慰梅给她寄来的一百美元。她和梁思成用这笔钱还清了当时盖房子所欠下来的债务。

友人的情谊和馈赠让林徽因既感动又百感交集，她在寄往美国的回信里这样写道——

亲爱的慰梅和费正清：

读着你们八月份最后一封信，使我热泪盈眶地再次认识到你们对我们所有这些人的不变的深情……种种痛苦、欢乐和回忆泉涌而来，哽在我的眼底、鼻间和喉头。那是一种欣慰的震撼，却把我撕裂，情不自禁泪如雨下。……

读了你们的来信使我想，我最近给你们的信是不是无意中太无条理、太轻率了。如果是这样，请原谅我。我想不论告诉你们什么事都保持一种合理的欢乐语气，而我又并不是对什么事都那么乐观……现实往往太使人痛苦。不像我们亲爱的老金，以他富有特色、富于表现力的英语能力和丰富的幽默感，以及无论遇到什么事都能处变不惊的本领，总是在人意识不到的地方为朋友们保留着一片温暖的笑。

·············

很难言简意赅地在一封信里向你们描述我们生活的情景。形势变化极快，情绪随之起伏。感情上我们并不特别关注什么，只不过是随波逐流，同时为我们所珍惜，生活中不可或缺的某些最好的东西感到朦胧的悲伤。这种感觉在这里是无价的和不可缺少的。……

你们这封信来到时正是中秋节前一天，天气开始转冷，天空布满越来越多的秋天的泛光，景色迷人。空气中飘满野花香——久已忘却的无数美好的感觉之一。每天早晨和黄昏，阳光从奇异的角度偷偷射进这个充满混乱和灾难的无望的世界里，人们仍然意识到安静和美的那种痛苦的感觉之中。战争，特别是我们自己的这场战争，正在前所未有地阴森森地逼近我们，逼近我们的皮肉、心灵和神经。而现在却是节日，看来更像是对——逻辑的一个讽刺（别让老金看到这句话）。

老金无意中听到了这一句，正在他屋里咯咯地笑，说把这几个词放在一起毫无意义。……老金正在过他的暑假，所以上个月和我们一起住在乡下。更准确地说，他是和其他西南联大的教授一样，在这个间隙中"无宿舍"。他们称之为"假期"，不用上课，却为马上要迁到四川去而苦恼、焦虑。

在林徽因的信中，我们不难看出来，即使是在如此艰难的生活境况之中，她都丝毫没有改变过自己对美好事物的细腻而敏锐的感受能力，她在字里行间流露出来的幽默与俏皮，着实让人感到疼爱不已。

说到底，想做一个精致的、受人青睐的女子，就该如此，在人生的旅途中无论遇到的事是如何的不顺利，都努力去改变周围的环境，把自己从失败中解救出来，因为一旦我们能够背向黑暗，面向光明，那么阴影就会映在身后，并且被抛得越来越远。

在网络之中，曾经有过一则关于一位神经科专家以及他所发明的一个治疗疾病的新方法的报道。每当有病人去医生那里看病的时候，医生都会劝告他的病人，在任何环境下都要笑，强迫自己，无论自己心中喜欢不喜欢，都要笑。

"笑吧！请时时刻刻都保持微笑吧！"医生对病人说："连续笑吧！不要停止你们的笑！最低限度，试着把你们的嘴角向上翘起，这样不停地笑时，看你感觉如何！"

神奇的是，他正正就是就用这样的方法治愈了好多个病人。

丘吉尔说："我认为，除非你理解世上最令人发笑的事情，否则你便不能解决最为棘手的问题。"

当你感觉到忧郁、失望的时候，不妨试试让自己努力适应环境，无论遭遇怎样的困境，都不要反复地想你的不幸。要想那些最愉快、最欣喜若狂的事情，并以宽厚亲切的心情去对待人，要说那些最和蔼、最有趣的话，要以最大的努力来制造快乐。这样你很快就会经历一个神奇的精神变化，遮蔽你心田的黑暗将会逃走，而快乐的阳光将照耀你的全部生命。

第五章 凭真心，结识所有美好

这个世间，除了爱情之外，友谊也是同样重要的。一段美好、真挚的友情，能让你找到继续前行的动力，能让你在风雨交加之中找到一盏指引着方向的明灯。所以，那些存在于你我身边的、用心交织的、真挚的友谊是最为珍贵，也是最为美好的。值得我们每一个人一生赞颂、一世珍惜。

找到属于
自己的那个圈子

　　社交是生活的重要组成部分，是衡量一个女人形象的尺度之一。每个人作为社会中的一员，与其他人接触、交往、合作，这肯定是少不了的事情。现代社会之中，人们事事追求高质量，无论是工作、情感还是生活，因此也需要人与人之间更加的透明、真诚、理解以及和睦相处。

　　所以说，现代女人，拥有一个真正属于自己的圈子是十分重要的事情，因为那种团结互助、平等友爱、共同前进的人际关系往往是一个成功的现代女人不可或缺的东西。

　　你或许认为社交其实不算多难，也不过就是双方之间单纯的打打电话、聊聊天、喝喝下午茶这样简单的事情。其实不是的，更深层地来说，社交就是在交往双方之间建立一个良好的关系和友谊。如果你拥有了一个关系牢固的社交圈子，不仅能帮助你的事业发展，还能让你多方位地了解自己所不知道的事情。

关于这一点，林徽因是做得非常完美的。

早年在美国宾夕法尼亚大学求学的时候，从一开始只是一个建筑系的旁听生，到成为建筑设计的业余助教到最后荣升该专业的业余教师，她的成功不仅仅依靠勤奋和天赋，同时还因为她懂得应该为自己营造一个良好的人际氛围。要知道在那样一个特定的年代里头，要做到这一点实在不是一件容易的事情。

那个时候，美国的学生总戏称中国来的留学生为"拳匪学生"，因为他们总是带给大家一种刻板和死硬的感觉，整日只是埋头读书，极少交际，这样的人在美国那个开放、活跃的国度之中，必然显得处处格格不入。

可唯有林徽因是个例外，因为她不仅拥有靓丽的外表，而且还能讲一嘴翻唱流利标准的英文，活泼健谈，走到哪儿都是吸引人眼球的焦点所在。大家很自然的都愿意和她做朋友。

也许是因为一些这样或者那样的缘故所致，林徽因那过早成熟、压抑的童年让她在宾大自由的环境里感受到了更大的快乐和放松。在这里有她向往的无拘无束、自由自在的阳光，有明朗开阔的氛围以及同样爽朗友好的同窗好友，朝气且爽朗的笑声让她真正感到了青春的活力。她大声地讲笑话，开心地玩闹，没有人会指责她、限制她、干涉她。不苟言笑的父亲，忧心忡忡、愤愤不平的母亲这一刻正慢慢地淡出她的记忆，多年纠缠着她的束缚此时此刻终于解开了。

展现在林徽因面前的是一个美丽新世界，每个人都心无芥蒂地喜欢她、接纳她。这样的感觉真好。虽然功课繁重，可是丝毫没有影响林徽因和同学好友一起看戏、跳舞、聚会的各项活动，她还加入了"中华戏剧改进社"，这一段时光，无疑是林徽因一生之中最为开心的光景之一。

总是对林徽因的这个时期心怀羡慕的。从点点滴滴地文字记载之中，我们不难看出，一个志同道合又积极向上的人际关系群体，能从一定角度上促进人与人之间思想感情上的交流，能使人们从中汲取力量和勇气。有了这些力量和勇气，人们在碰到挫折、困难的时候也能及时得到别人的帮助，并且通过交流达到互相理解的作用。

所谓"好的人际关系能使人处在一种舒畅、快慰、奔放的精神状态之中"，让人自此不再感觉自己是孤单无助的。

好人缘

让别人永远记住了你

总是听到别人说好的人缘是一个人一辈子里可遇而不可求的一笔财富。有了它，在事业上你会更加顺利，在生活上你会更加如意；有了它，你仿佛就像提前拿到了一把开启成功大门的钥匙。

只不过好人缘并不是一个人与生俱来的，它需要你我为之不停地辛勤努力，它不会从天而降，它同样需要一个人用一辈子的时间辛勤地开拓与耕耘。

有时候我们总是觉得自己很难融入人群之中去，你觉得孤独，你觉得自己好像在某一个时刻被别人遗弃了，甚至你会因此感到愤怒。

面对这样的时刻，其实你更应该做的是，好好地让自己安静下来，想一想你是用一种什么样的态度来面对你身边的好友、同事、同学的呢？尊重、礼貌、友好、诚实、关心、信守诺言……等等的方方面面你都一一做到了吗？

1926年1月17日，林徽因在宾大的一位名叫比林斯的美国同学在为她家乡的报刊《蒙塔纳报》写的一篇访问记中，有一段文字是这样记录林徽因在宾大的学习生活的：

她坐在靠近窗户能够俯视校园中一条小径的椅子上，俯身向一张绘图桌，她那瘦弱的身影匍匐在那巨大的建筑习题上，当它同其他三十到四十张习题一起挂在巨大的判分室的墙上时，将会获得很高的奖赏。这样说并非捕风捉影，因为她的作业总是得到最高的分数或是偶尔得第二。她不苟言笑，幽默而谦逊，从不把自己的成就挂在嘴边。

"我曾跟着父亲走遍了欧洲。在旅途中我第一次产生了学习建筑的梦想。现代西方的古典建筑启发了我，使我充满了要带一些回国的欲望。我们需要一种能使建筑物数百年不朽的建筑理论。

"然后我就在英国上了中学。英国女孩子并不像美国女孩子那样一上来就这么友好，她们的传统似乎使得她们变得那么不自然和矜持。"

"对于美国女孩子——那些小野鸭子们你怎么看？"

回答是轻轻一笑。她的面颊上显现出一对美妙的、浅浅的酒窝，细细的眉毛指向她那严格按照女学生式梳成的云鬓。

"开始我的姑姑阿姨们不肯让我到美国来。她们怕那些小野鸭子，怕我受她们的影响，也变成像她们一样。我得承认，刚开始的时候我认为她们很傻，但是后来当你已看透了表面的时候，你就会发现她们是世界上最好的伴侣。在中国，一个女孩子的价值完全取决于她的家庭，而在这里，有一种我所喜欢的民主精神。"

不难看出，林徽因那种不苟言笑、幽默谦逊、从不把自己的成就挂在嘴边的行为，深深地感染、吸引了身边的同学和朋友，大家都愿意按近她，敞开心扉的和她交往。

由此可见，尊重别人是一个人建立好人缘最基础也最关键的一点。试想一下，如果当年的林徽因，扮演的是一个自命不凡的角色，凡事总喜欢标榜自己的成绩、自己的努力、自己的成就，那么必然没有谁愿意接近她，愿意接受她。

毕竟任何人都不愿意和一个人虚伪、冷漠、不负责任的人交往的。哪怕一个人的处世技巧再高明、说话措辞再动听，没有半点内在充实的内涵，想要轻易得到别人的信任，也几乎是不可能的一件事情。

你喜欢为别人安排一条你认为合适的道路并且认为别人肯定需要你为之这么做吗？你喜欢根据自己的经验来要求或者指导别人吗？很多时候你看到的总是别人身上的缺点引发了自己的不快，却从没有回头想想、找找自己本身存在的原因吗？

如果你有以上的这些情况，那么我要告诉你，这样是不行的。

一个人只有多多站在别人的角度上看问题，多多替别人着想，这样才能获得更多的快乐更多的友谊。

其实站在别人的角度看问题、多多替别人着想，其实也是帮助别人的一种前提。因为这个纷纷扰扰的红尘世界实在是太孤单、太残酷了，人置身于其中，总是需要付之于更多一些的关怀和在适当的时候得到一些帮助的。

当然，帮助别人不一定必须是物质上的帮助，举手之劳乃至几句嘘寒问暖的关怀话语，也同样能如三月春风一样微醺人心。

1927年，林徽因在耶鲁大学戏剧学院帕克教授的工作室学习舞台美术设计的时候，同样也是深受教授和同学们喜爱的。宾大三年的学习生活，为她打下了扎实的美术基础功底，她的绘图能力甚至远远高出学习舞美设计的其他同学，每当该交作业或者临近考试的时候，许多的美国同学就会向林徽因求救。思第华特·

切尼是同学中年龄最小的女孩子，她聪明又带任性，常常为了一点点小时和同学们争执、怄气。多数同学都表示不愿意与这样的人为伍。

不过在切尼这个小妹妹的问题上，林徽因并没有选择和别人一样的疏离，而是像个大姐姐一样，时刻平息、排解着这些小女孩之间的纷争，甚至还常常耐心地百般安抚切尼，教她如何选择一种安然的态度面对朋友、面对同学，和她一起分析剧本，帮助她出色地完成作业。

一直到十年之后，林徽因在北京的家中偶然翻开一本戏剧月报，发现了思第华特·切尼的名字，她既惊喜又兴奋地说："我的思第华特·切尼成了百老汇一位有名的设计师！想想看，那个同谁都合不来，老是需要我的母亲般保护的小淘气鬼，现在成了百老汇有名的设计师，　次就有四部剧目同时上演。"

这样的一段美谈，是对林徽因的一种赞美。在她的身上，真诚是极为美丽的，它是建立人与人之间信任的一种基础，是值得每一个女人参考、深思的。

任何人在与别人交往的时候，只有真诚地对待他人，多替对方着想，多帮助他人，才能为自己赢得一段极好的人缘。

在男人与
女人之间的友谊

你试过和身边的某一位异性走得很近吗？你试过和身边的某一位异性成为朋友吗？

那个男女授受不亲、女人多看男人一眼就被骂做"轻佻"的时代早已一去不复返了。现代社会，面对越来越大的生存和工作压力，异性效应总是能令人感觉事半功倍、生活格外轻松愉悦的，这并不是某一个人的借口，不是某一个人的错觉，它是具有一定的科学根据的，因为异性交往可以在事业上互相帮助、互补不足，正如网络上那句诙谐的调侃："男女搭配，干活不累。"

关于男女之间的友谊，最经典、最让人向往的莫过于林徽因与她的终生挚友"老金"——逻辑学家金岳霖先生。

在如今的很多书籍记载之中来看，老金似乎就是梁家的一位成员，住在梁家院后一座小房子里，梁氏夫妇住宅中的一扇小门便与他家的院落相通。几乎每一次的聚会，老金都是第一个到来，又是最后一个离开的。有时候，这样的聚会也会从梁氏夫妇的院子里挪到老金家去进行。这在当年参与聚会的朋友们眼中，是再自然不过的事情了。

老金作为一个逻辑学家，他有一份与众不同的独特。有时候林徽因和梁思成小两口因为一些琐事拌嘴斗气，闻声而来的老金自是不用问及青红皂白的，只需端坐堂中，大讲其生活与哲学之间的辩证关系，保准不用半会儿的功夫，就能迅速让互不相让的小两口"和平停战"。

正因为老金与梁家这份彼此维系在一起的关系，让当时甚至后来的人一直都在或明或暗的揣测着老金先生和林徽因之间是否曾经有过一段唯美的情缘。只不过昨日之事早已被遗留在历史的长河之中不可考究，而金先生一生也终究未曾承认过自己与林徽因之间究竟是一种什么样的情谊。但我们更愿意把他们之间的感情归咎为"友情"，并且是一份真挚的、毫无保留的，彻彻底底的让人由衷羡慕的友情。

老金与林徽因、梁思成一家人的关系，好生让人羡慕。换做现在的流行语言来说，当年的金岳霖先生也可算是一位彻彻底底的"暖男"了。

老金的暖，不仅仅只是在安逸的年代才能感受得到，更让人感动的是就在当年梁家困顿李庄的时候，老金闻讯特地从昆明赶了过去，像当初在北平时一样毫无保留地陪伴在他们身边。

林徽因病重，为了给她滋补身体，老金毫不犹豫地从自己微薄的薪水中拿出一部分，到镇上买了十几只鸡好生饲养着，只盼望它们能早日生蛋，让林徽因能得到更多滋养。无独有偶的是，身为逻辑学家的金岳霖先生养起鸡来也是一点儿都不马虎的，想当年在北平总布胡同的时候，他就曾有过把几只大斗鸡养得虎虎生威的记录。后来的梁从诫先生是这样回忆他们的"金爸"养鸡的："在李庄的时候，金爸在的时候老是坐在屋子里头写呀写呀的。不写的时候就在院子里用玉米喂他的一大群鸡。有一次说是鸡闹病了，他就把大蒜整瓣地塞进鸡口里，它们吞的时候总是伸长脖子，眼睛瞪得老大，我觉得好可怜。"

老金对朋友是这样的慷慨无私，可是对于他自己却又是另外的一种样子，甚至他对生活的艰难和当时的通货膨胀总是用哲学家的观点来解释与对待。他最常说的理论是："在这艰难的岁月里，最重要的是，要想一想自己拥有的东西，它们是多么有价值，有时候你就会觉得自己很富有。同时，人最好尽可能不要去想那些非买不可的东西。"

　　正是这样的金口玉言，让当初包括林徽因和梁思成夫妇在内的一众正处在艰难困苦中的朋友们得到了精神上的宽慰。

异性友谊

缘于分寸

在现今的生活中，之所以异性之间的友谊会越来越受人关注与重视，是因为男人与女人彼此共同活动中得到了精神上的愉悦，接触多了就成了朋友。在男人与女人的交往过程中，常常能够感受到一种和同性朋友在一起所没有的自豪、满足与和谐。

不过话又得说回来，女人和男人之间的交往和接触，还是需要讲究分寸的。要懂得该说就说，该笑就笑，需要握手就握手，需要并肩就并肩，切忌忸怩作态、切忌过分随便；要时时记住男女有别，熟稔不代表任何话题都可以被毫无顾忌地摆上台面大谈特谈。

女人和男人接触的过程中，"度"的把握是需要一定的技巧的。

首先举止大方，不能过分拘束。因为你若想要消除对方的紧张感，就需要自己首先自然一点，拿出平时和同性交往时的态度去面对异性，措辞、表情、举止、情感流露乃至所想所思都必须自然、顺畅，不过分、不夸张，不闪烁其词，不盲目冲动，不矫揉造作。

谨记千万不可过分亲昵，这是一个很重要、非常关键的原则。无论再怎么相近，男人与女人始终是两个不同的性别，过分的亲昵，很容易让对方误认为你是个轻佻的人，容易让人对你产生反感的情绪，甚至是出现一些不必要的误会。所以容易被误会为亲密的动作、话题、就留在和你亲密的人一起的时候说和做吧，千万不要随便开过分的玩笑，更不要有拉拉扯扯的小动作出现。

当然，在男人和女人交往的时候，理智从事、适度把握自己的感情是必要的。可是，假如过分冷漠、严肃同样也不可取。因为这样一来，你会很容易就伤害到对方的自尊心，会使人觉得高傲且无力，对你望而生畏、渐渐敬而远之。因此，远近有度、言谈得体是最好的做法，因为这样一来，既不会拒人于千里之外，又不会因为过分地亲密，让别人误会了你的动机与人品。

总有一些人，男人也好女人也好，喜欢在和异性的交往中抓住每一个小细节来卖弄自己是如何的见多识广。有的人会因此滔滔不绝、讲个不停，丝毫不准备留给别人发表意见看法的机会；有的人在争论和辩解的时候总是得理不饶人，甚至无理也硬要辩三分，这样是最让人反感的。因为没有任何一个人天生注定要来接受你的自以为是和夸夸其谈的。

　　当然也总有一些人喜欢总是缄口不语，得到"金口"一开的时候又总是以"嗯""啊"作为自己表达内心的措辞。你知道吗？哪怕你发出这些象声词的时候是面带笑容的，可照样会让人觉得你城府太深，让人望而生畏。

　　总之，男人与女人，是彼此各自神奇的化学药剂，只要你懂得该如何把握好其中的"度"，男人与女人之间的友谊必然也能天长地久、纯洁如玉。

良好的印象，

让女人更美

　　林徽因，极美，才情、容貌、际遇……样样占尽了世间极好，让人称道。写一首好事，做　世底蕴沉静。兰花一般的气质，蔷薇一般的容颜，这样的美，惹目，只需回头一瞥，便令人自此难忘。

　　作为一个女人，给人留下良好的第一印象，将是获得好人缘的关键前提。内在的底蕴十分重要，塑造自己外在的形象也同样值得在意，因为它将帮助你在和他人交往的过程中充分展示、体现自己的魅力、才气、修养。

　　知道吗？通常我们根据与一个人见面的前几秒中所得到的印

象，就能在心里头快速对他（她）做出判断。若是印象良好，就将会对办公做事起到促进的作用；但如果印象一般甚至很差，那么则有可能起到相反的作用，引起一连串难以如人所愿的反应。

所以，请记住，与人交往第一印象是相当重要的，千万不可粗心忽视。

当然，并不是说一个女人，整日里头穿得花枝招展、浓妆艳抹的招摇过市便能让人无端端地喜欢上她的。因为外在形象并不仅仅只是一件漂亮的衣服、一个名牌的包包、一双名牌定制的鞋子那么简单。外在形象更加注重和强调的是你的行为举止以及从中流露出来的气质。

正是青春的林徽因初见徐志摩，便在他心中留下了再难以忘怀的记忆。甚至他至死之时都会永远记得那一日，她梳着两条及肩的小辫，穿着一身雅素的衣裙，安静地站在父亲的身后，凝视着他的情景。他永远记得当时自己是如何一眼便将她看在眼中，那将是一种怎样的初始印象啊？细微之处，世人都永远不得而知，只不过他当时的心定然是极为激动的，怦然心动、惊为天人，就如贾宝玉感叹"天上掉下个林妹妹"般。那个时候，已经不需要诸多的言语、诸多的词汇进行修饰，只是安静地凝望就足够了。

多年以后，已然嫁作梁家妇的林徽因在"太太客厅"里头，又给人留下了这样的印象："每个朋友都会记得，徽因是怎样滔滔不绝地垄断了整个谈话。她的健谈是人所共知的，然而使人叹服的是她也同样擅长写作，她的谈话和她的著作一样充满了创造性。话题从诙谐到轶事到敏锐的分析，从明智的忠告到突发的愤怒，从发狂的热情到深刻的蔑视，几乎无所不包，她总是聚会的中心人物。当她侃侃而谈的时候，爱慕者总是为她那天马行空般的灵感所迸发出来的精辟警语所倾倒。"

从这些点点滴滴的片段与资料之中，我们不难总结出，一个表里如一、富有魅力的女人，是一种极致的美丽，她留给身边的人的记忆将是多么的深刻。也可见仪表与内涵同样重要。

只可惜世间再无林徽因，而作为女人的我们，只能以她为自己的榜样，努力让自己成为一个如同她一般富含底蕴的女子。

那么究竟应该怎样才能留给对方良好的第 印象呢？

首先应该是仪表。仪表是一个人内部思想的体现，它直接反映的是一个女人体内的修养。仪表优雅，是展现个性魅力的重要手段之一，这自然离不开服饰搭配与选择的这一关。

整洁是最基本的，否则会让对方觉得你不够尊重别人。得体是关键的，是画龙点睛还是画蛇添足全在这个点上体现，根据自己的特点选择适合自己的衣着打扮，更是不用再强调的事情。

对于这点，萧乾先生对自己初见林徽因时的回忆，就是最好的例证。那日第一次与她见面的他一眼看过去，林徽因虽说身患重病，但是脸上却丝毫没有半点病容，身着飒爽的骑马装，一身干净利落、铿锵英挺，优雅地立在那里，潇洒之处，连男子都无法比拟。

其次是要懂得始终用一种轻松自在的心情去适应每一个不同的场合，并且在各自不同的场合中注意自己的谈吐。

一个懂得如何与别人交往的女人，总是能够十分聪慧淡定的根据不同的场合而改变调整自己的表现，用自己轻松自在、谈笑风生的行为举止去感染别人。

总之，一个懂得恰到好处展现自己最好一面的女人，是极为聪慧也极为吸引人的，正是因为这样，所以她们在别人的记忆中，将永远保持一份永不褪色的美丽。

欣赏别人

也是对自己的一种赞美

每当你遇见一个新的朋友，你是怀着一种怎么样的心情去接纳他或者她的呢？是抗拒、抵触、嫌弃，还是崇拜、认同、赞赏呢？

或者你会觉得大部分人都是没有什么优点也没有什么缺点的，平庸，是你给予他们的评定。

可是，当随着你们彼此更深入一层的接触和了解之后，你会发现，其实每一个人都有属于他自己的优点和长处，每一个人都像一颗独特的、与众不同的行星。你会禁不住由衷的感叹，原来这个世界绝大多数的人都是可爱的、特别的、有趣的。

人总是难免会有些自恋的，总是很容易地就看到自己的优点，看到自己的好，并且很骄傲地引以为荣。而至于自己的缺点，我们又常常采用一种欲盖弥彰的障眼法把它给忽略掉，这样一来，就仿佛自己是完美的、毫无缺陷的一个人了。

这样原本也无伤大雅，自恋本身也是一种美。只不过在看待别人的问题上，我们却又总是习惯性地去挑别人的缺点，这样一来，只凭感觉去看人，又如何能够得到真实的他人呢？

当年的林徽因邀约了刚刚初出茅庐的萧乾到她家中聚会，正是这一次邀约，他见证了她的优雅大方，他感受了她真诚的赞许与肯定，虽然仅仅只是一句："你是用感情写作的，这很难得"，便已经让他激动得不能用言语表达。

后来的一辈子，萧乾都一直铭记着，他说："那次茶会，就像在刚起步的马驹子的后腿上，亲切地抽了那么一鞭"，直至垂垂老矣，他都一直在回忆着、撰写着林徽因当年的风采，一笔一画精微妥帖。

萧乾在《才女林徽因》一文里这样描述：

"我后来心里常想：倘若这位述而不作的小姐能像十八世纪英国的约翰逊博士那样，身边也有一位博斯韦尔，把她那些充满机智、饶有风趣的话一一记载下来，那该是多么精彩的一部书啊！她从不拐弯抹角，模棱两可。这样纯学术的批评，也从来没有人记仇。我常常折服于徽因过人的艺术悟性。"

　　欣赏别人其实也是对自己的一种赞美，千万不要吝啬于对别人的赞美，因为你的一句赞美，或许在别人耳中听来，将是他或者她生命之中的永恒阳光，照亮他迷失的航程，让他找到自己继续前进的路。而善于激励别人，给别人以鼓舞的人，反过来也会被人永远记得的。

　　一个女人，只有能适当运用自己的语言表达自己心中的想法，才有希望成为社交场上的中心人物，让人们为你的独特个性所吸引。因为谈吐是人的风度、气质和美的组成部分。人们常常说："女人文雅的谈吐是学问、修养、聪明、才智的流露，是魅力的来源之一。"所以，提高自己的谈吐修养很重要，它必将使你自己更加富有个性和魅力。

拥有与众不同的节奏，
你的人生才是有意义的

在众多林徽因留下的照片资料之中，有一张1935年夏季她与梁思成登上了北京天坛的祈年殿进行测绘的时候，由一同工作的一位住手为他们拍下的照片。

照片之中的林徽因笑着和梁思成站在一起，身着一袭长长的旗袍，手里头拿着一顶小斗笠。也许你会觉得如此的装束一点儿都不像是在进行测绘工作的，但她偏偏就是这以一身不便于攀登的装束攀上了祈年殿，成为祈年殿建成数百年的历史中，第一位攀登上去的女性。

总觉得此间所包含的意义是极为与众不同的，而也正是因为其中的与众不同，所以才使得林徽因人生更加的有意义。

在林徽因留下的众多建筑学论述之中，她常常特别强调建筑与人的精神世界所存在的对应关系。她认为面对不同的建筑，人总会产生出不同的情感来，而为了能够更进一步地探索这些内在的关系，她更是为之付出了许多寻常女子所无法做到的努力与心血。

考察工作历来都是一项极为艰苦的工作。在 1936 年林徽因写给梁思庄的一封信中，便曾经透露过旅途的艰苦：

"思庄，出来已两周，我总觉得该回去了，什么怪时候赶什么怪车都愿意，只要能省时候。每去一处都是汗流浃背的跋涉，走路工作的时候又总是早八至晚六最热的时间里，这三天来可真是累得不亦乐乎，吃得也不好，天太热也吃不大下，因此种种，我们比上星期的精神差多了，整天被跳蚤咬得慌，坐在三等火车中又不好意思伸手在身上各处乱抓，结果浑身是包！"

在众多林徽因的考察工作的各种文字记载之中，最让我印象深刻的，当属《林徽因传——有你是最好的时光》里头的这一段关于 1937 年 6 月，她考察太原五台县佛光寺的一段记录了：

眼前的佛光寺业已失去往昔的光彩。推开沉重的殿门，黑暗的屋顶藻井是一件黑暗的阁楼，厚厚的尘土在藻井上累积了千年。成千上万只黑色的蝙蝠倒挂在屋檐上，尘土中还堆积着许多蝙蝠的死尸。蝙蝠聚集在黑暗的角落，三角形的翅膀扇动着令人窒息的尘土和秽气。藻井里到处爬满了臭虫，它们以吸食蝙蝠血为生。

这光景真是恐怖又凄凉。

梁思成和林徽因连忙戴上口罩。惊起的蝙蝠在他们身边飞来撞去，他们只顾得不停地测量、记录和拍照，在呛人的尘土和难耐的秽气中一待就是几个小时，身上和背包里爬满了臭虫，浑身奇痒难耐。

看到这样的文字和句子，真的让人由心对这样一位孱弱的女子感到由衷的敬佩，想想这是一种怎样坚定的信念，才能鼓舞、驱使着一个柔弱的女人得以在这样恶劣、恐怖的环境里工作呢？

林徽因的故事，由不得让人想起了另一篇关于梦想和行为的文章，说是一位印度人，不顾别人的劝阻与嘲笑，独自坚持每天种树上百棵，最后他终于拥有了一片真正的森林。又有另外一个人，他每天坚持独自捡一块石头回家，独自为自己修建一座城堡，很多人都嘲笑他的幼稚和无聊，但没想到最后他真的实现了梦想，拥有了属于他自己的城堡，并且在城堡之中的每一块石头都是他认为漂亮而亲自捡回来的。想想这是些多么有意义的事情啊。

这些事情之所以伟大，是因为这些事情在周围不了解的人的眼里是毫无意义、毫无理智，甚至于有些接近疯狂的行为。但是在当事人看来，却又是另外一个不同于常人的角度，他们会看到小树苗不断长高，会看到石头垒出形状。他们在自己的意义中活着，背离了其他人正常的轨道，执着地坚持着，并终究用自己的坚持让越来越多的人意识到他们的不凡与伟大。

第六章　淡然笑，在风雨人生中

淡淡如菊的女子，始终是最让人珍爱的。回首在你记忆的长河之中，一个女子，一袭素衣，手执一把油纸伞，对着你浅浅淡淡地微笑……那一份平静的美丽，必将一生一世让你刻骨铭心……

歌唱，

在人生这支唯一的曲子之中

"人生，

你是一支曲子，

我是歌唱者；

你是河流，我是条船，一片小白帆，

我是个行旅者的时候，

你，田野、山林、峰峦。

无论怎样，

颠倒密切中牵连着

你和我，

我永从你中间经过；

我生存，

你是我生存的河道，

理由同力量。

你的存在，

则是我胸前心跳里

五色的绚彩。

但我们彼此交错，并未彼此留难。

……

现在我死了，

你，——

我把你再给他人负担。"

林徽因在《人生》这首诗歌中，抒写了自己对人生的眷恋和热爱，以及平静面对人生终点的坦然。

在 1946 年夏天以后的那一段年月里，几乎每天夜里，她都在床上辗转反侧，一次次地剧烈咳嗽、咯痰、喝水、吃药……为了不吵醒熟睡了亲人，她总是小心翼翼地、忍着、直到自己憋得气喘吁吁。很多时候她都会想，也许自己这一口气缓不过来就是离去了，其实若能这样，也是痛快的。这种长时间的、毫无希望地挣扎与折磨实在是种煎熬，那种痛苦，只有她自己承受，只有她自己知道。

对于一个珍爱生命的人来说，这是心灵的一种修养。因为我们谁都有生命走到尽头的一天，那时或许你我会终于发现原来世间万物只是有如过眼云烟罢了，但是一个人的精神却是可以长存世间的。

且让自己的一颗心在这个纷纷扰扰的世界上如同不动的高山一般吧。身处闹市，在吵吵嚷嚷的环境之中，不要刻意地去关闭门窗，淡然地任其潮起潮落、风来浪涌吧，因为悠然如同局外之人的人，是没有什么能够破坏他心中的那一份凝重的。

1946 年夏天，清华大学工程院建筑系招收了第一届学生十五人，林徽因和梁思成全家搬进了清华园新林院 8 号，这是清华的教授楼，院落幽静，住房宽敞。老金和几个老朋友离得都很近。但是一切尚未就绪，梁思成就接到了通知，教育部和清华大学委派他赴美国考察战后美国的建筑教育，同时，他收到了耶鲁大学和普林斯顿大学"国际研讨会"的邀请函。

临出发前，梁思成交代系里的年轻教师有事可与林徽因商量。

那时的建筑系刚刚成立不久，资料室的图书资料不够丰富，林徽因便把自己家里的书推荐给年轻教师们，由着他们挑选、借阅。她很开心，因为觉得这些书被充分利用了，总算体现出来它们本身该有的价值了。她还购买了颜料、纸张、文具供建筑系生活困难的学生使用。

建筑系里的年轻教师喜欢到林徽因的家中来，他们在这里无论是请教教学中的问题，还是谈生活、谈艺术，都觉得精神上十分放松和自由。他们觉得和林徽因老师谈话是很有意思的一件事情，在那样的一个时刻，他们会忘记现实世界的烦恼和喧嚣，心里顿觉纯洁而安静。每一次大家到来，林徽因都竭尽全力的接待他们，谈笑风生、引经论典，几乎让他们忘了眼前是一位身患重病的人。

只是这些年轻教师们想不到的是，等到他们离开之后，适才滔滔不绝的她就会呻吟着躺下，浑身虚汗，半天喘不过气来。但即便如此，等到下次有人再来到她家的时候，她依旧又会打起精神来接待他们，如同没事一样的兴致勃勃。

或者这是林徽因以此在作为一种补偿吧，补偿自己已经无法挽留、所剩无多的岁月。

人生不如意者十有八九。面对挫折、苦难你是否能保持一份豁达的情怀呢？你是整日活在惶恐之中、抑郁寡欢、焦虑万分，还是继续保持一种积极向上的人生态度呢？说到底，这需要一种博大的胸襟以及非凡的气度。

如同林徽因的那句诗歌"人生，你是一支曲子，我是歌者"，敢于在人生逆境之中盎然高歌的人，便是最值得敬佩的，唯有敢于逆风放歌在人生这支唯一的曲子之中的人，才是真正的胜利者。

孤独，

让女人更加美丽

　　在电影《梅兰芳》之中，由孙红雷扮演的邱如白，说过一句极为经典的台词说："你知道什么是孤独吗？梅兰芳的一切都是从孤单里面出来的，谁要是毁了他这份孤独，谁就毁了梅兰芳。"

　　生活在世间的你我他，说到底每一个人都逃不开需要独自面对生活的那一刻，而这些需要我们独自去面对的时刻之中，多半都会使我们的内心顿觉得孤独。孤独犹如一道不可避免的坎，横在我们眼前，而我们除了跨越它、克服它、接受它、消化它之外，别无选择。既然如此，那么无妨让我们学会善待自己，学会直面孤独，学会享受孤独吧。

就如同豆瓣上一位很有名气的作者所写到的："享受孤独，适度脱离群体，学会和自己相处。孤独是可贵的，在这样没有被打扰的时间和空间里，完全依照自己的意愿来安排这段时光怎样度过，是一种莫大的自由。在每天非常有限的自由的时空中，如果可以做到自律，有计划、有节制、自我激励，也就可以带来效率，成就那些别人做不到的事情，也就成就了你自己。"

在心理学的范畴里，我们常常可以看到听到这样的一种说法："能耐得住寂寞的人是有内在安全感的人，比如那些成功的科学家、哲学家、作家和艺术家们。"

仔细想想，这种说法其实也是不无道理的，但凡是上面列举的这些人，多半都有着一个强大的内心世界，正因为这样，所以他们即使守在自己的内心之中，也分毫不觉得孤独，即使四周无人可以陪自己说话聊天，他们都能够安然地与自己为伍。

如同林徽因，曾经她的"太太客厅"热闹纷呈，让人引为文坛佳话。但到了战乱时期，她却因为战火的肆虐而开始颠沛流离的逃难之旅。在如此的一段旅程之中，身体的病痛、危机四伏的环境、艰难困苦的生活无不在折磨着她，这一时的她，定然不是当年那个衣食无忧的女子；这一时的她，其内心必然是倍感无助与孤独的。但是尽管如此，她却始终没有选择在孤独与艰难面前低头，而是用一种"得失皆忘，观天上云卷云舒；宠辱不惊，看庭前花开花落"的态度安然面对生活。这是如何的一种成熟与稳重啊！

勇敢的选择

你自己想走的路吧，即使你终将孤独

假如一个人可以活到一百岁，就代表她或者他可以在地球上生存 36500 天。

得到这样的一个答案以后，你是不是也觉得非常的讶异了，活到一百岁才有 36500 天，假如活不到一百岁，那么就连 36500 天都没有了。

我们总是以为一百年是个很长很久的时间期限，可是做过具体确切的计算之后，才发现，原来也不过如此。

时间如沙漏，细细的沙子总是在悄无声息、不知不觉间从你我的指尖之中轻轻溜走，而在如此匆匆的流逝之中，我们的人生又该怎样度过呢？

仔细想想在你我身边那些每天都在忙着做做出各种各样的选择的人们吧，有的人选择了父母为自己规划好的路，有的人选择了自己开辟一条新路；有的人选择坚持，有的人选择放弃……在每一个必须拼搏的日子里头，有的人一步不差地走着算着，步步为营，以求达到百分之一百的精准，也有更多的人选择为了梦想，咬紧牙关地坚持着努力着。这一类的人，说到底就是最为孤独的一类人。

之所以这么说，是因为能够读懂这一类人的人太少了，也正因为如此，所以越来越多的追梦人在看似冷酷的现实面前始选择了妥协。

心理学专家 Merton 曾经提出，人们对某些不可预知的未来行为或事件所抱有的信念和期望，能够很大程度影响甚至改变预期的结果。

我们总是很容易受到周围人的影响，有些人也总是很善于评价其他人或事物。当你最初接触某个事物或者决心做某件事情的时候，总会一下子涌出很多人对你的决定指手画脚，而这一刻，你是否会坚持内心最初的信念和期望呢？

也许很多的时候你会碰到这样的一种境况，为了心中那个所谓的梦想，你孜孜不倦地全力追寻着，但是不管你如何的努力，它却总是如同一个调皮的孩童，与你隔岸相望。而这时一身落索的你，匆匆一瞥，却发现自己竟是如此的形单影只，周围的朋友已经陆续结婚生子、安居乐业，而你自己呢？

一种孤单的感觉总是会在这个时候油然而生，那一刻之间，你觉得自己难受极了，你觉得自己太累了。因为每一天，你都必须匆匆忙忙地奔走在偌大的城市之中，朝九晚五、脚步匆匆，挤公车、赶地铁、进单位、忙工程……即使终于熬到下班回家，在小小的出租屋里，一张床、一个书桌、一个疲惫不堪的自己。而那一刻没有人再为你递上一杯热茶，在你受伤的时候也没有给你那么温暖的怀抱，那一刻"家"突然冷清得很……

是的，曾经的我们意志坚定，自信满满地背起行囊不顾一切地选择远行，心中唯一支撑着我们前行的力量就是——梦想。说到底，每一个人，都该有一个梦想去支撑着自己前行，即使有时候眼前的一切似乎与梦想背道而驰，但是在面对着所有看似不明朗的将来的时候，聪慧的女人，总是会不停地告诉自己：这一切，值得！因为正是这般看似不清晰的未知，教会了自己如何成为一个勇敢担当的人。

林徽因有一首名为《旅途中》的诗歌是这样写的：

我卷起一个包袱走，

过了一个山坡子松，

又走过一个小庙门，

在早晨最早的一阵风中。

我心里每天有埋怨，人或是神；

天底下的烦恼，连我的，

拢总，

像已交给谁去⋯⋯

前面天空。

山中水那样清，

山前桥那么白净，——

我不知道造物者认不认得

自己图画；

乡下人的笠帽、草鞋，

乡下人的性情。

作为一个女人，许多原先不了解她的人在提及她的时候，常常只是把她想象成一个类似于花瓶、交际花的形象，因为"太太客厅"给人们留下的误会的确是非常深刻的，但了解林徽因的人自然清楚"太太客厅"所包含的全部意蕴。作为一个女人，林徽因骨子里的那一份为了自己的梦想与追求所作出的坚持、奋斗、拼搏是值得千千万万人的尊崇的。

这一点，张清平老师在《林徽因传》里头，便做出了高度的概括：

许多人提起林徽因，常常只把她和"太太客厅"联系在一起，其实"太太客厅"只是林徽因生活的一个方面。在她生活最优裕的那些年里，她和丈夫长年奔走在穷乡僻壤，一点一点地梳理着中国建筑发展的脉络，为每一次在人迹罕至的地方发现了古建筑遗存而如获至宝、欣喜若狂。她踩烂泥，坐驴车，住肮脏的小店，床铺上爬满跳蚤，被咬得浑身是包；山野的风和无遮无拦的烈日使她的皮肤变得粗糙，粗劣的食物和艰辛的路程损害了她的健康；但她从未因此改变自己的选择和作为。她对自己所珍爱的一切，具有一种献身的热情，这是林徽因最让人难以企及的地方。

做个

懂得沉默的女子吧

每个人都曾经经历过年少无知，每个人都曾走过青春青涩。在曾经的那些日子里，我们脆弱得容不得自己有一丝的委屈、伤痛、忧郁，于是乎为了抛弃这种受伤害的错觉，我们曾经一度的觉得自己需要倾诉，于是乎总会那么样的一段日子，一些时间，我们不停地找人诉说自己的伤与悲，滔滔的怨气就如同漫天而来的洪水，淹没了自己，也淹没了那位无辜的"倾听者"，而我们自己却毫不知晓。

慢慢一路成长之后，我们发现一个真正理智、聪慧、有内涵的女子，其实不应该这样。在人生的旅途之中，我们应该学会的是向身边的人们传播自己所有的快乐，让大家都能在你的快乐之中，收获一份属于他们自己的喜悦，而绝非是得无时无刻地散播自己的坏情绪。

因此，做一个懂得沉默的女子，是每个女人至关重要的，都必须学会的一点。

在那些你觉得难以度过的、备受煎熬的日子，多想想自己一路留下的青春历程吧，想想自己是如何从青涩的少女渐渐走向成熟，从起初的一无所知、遇到困难便轻易想要寻求帮助、寻求保护到后来你开始试着独自为家人、为朋友撑起一片天地的，这是一个多么有意义的历程呀啊！就在这样的一段历程之中，你勇敢地将所有成长、蜕变的痛苦留给了自己，再多的辛苦、委屈、艰难，你都将它化作一句风轻云淡地："我可以的，没事的，挺好的……"

曾经那么多的人告诉你这个不可能、那个不可以，你不再去争辩，只是默默前行，用近乎固执的坚持把那些不可能变成了可能。面对家人的顾虑，你不再逃避，冷静地坐下来与父母沟通，用自己的努力换来父母的安心。面对爱情的离去，你不再沉迷于痛苦，太多的现实让你学会了接受和放手，你懂得了有爱情不一定有结果。

亲爱的，有时候你需要一个人去体验成长的苦与乐，有些故事只有自己真正经历了才可能出现你期待的结局。面对外界的质疑，你可否一笑而过，继续为梦想而奔跑？你是否期待有那么一天，可以用自己丰满的羽翼来保护家人、拥抱朋友呢？亲爱的，在追梦的路上你会明白，可以付出是件多么幸福的事情。

亲爱的，给自己一个拥抱吧，为了你所有的努力与付出，为了你对梦想的那份执着与坚定。给自己一个微笑吧，给在为梦想拼搏的路上的你一份肯定和鼓励，学会一个人生活，学会给自己前进的力量。

亲爱的，请对自己说一声感谢吧，感谢你在孤独中勇敢的坚守，相信每个为梦想拼搏的人，在社会这个熔炉里，终会百炼成钢。

勿忘

让自己时刻赏心悦目

美丽的现代舞蹈家金星在她的《掷地有声》散文集中说过这样的一段话：

对美的认识应该永远建立在"人"的基础上。是一个精彩的"人"扩展了美的高度和深度，而不是让人云亦云粗浅的美去掩埋"人"的真正内涵。把塑造自我的态度发挥到极致，你就会成为那个唯一且最美的女人。

女人是很丰富的，她的美也同样丰富。万种风情，万种美丽，总有一种在你身上。但最终让美开花结果的，还是态度和智慧。

金星的这段话，说得十分的实诚，一点都不浮夸。作为一个女人，特别是一个现代大都市的女人，美是必需的、不可或缺的，并且还要美得极致、美得充分、美得赏心悦目。

这样的一种美，必定是干净、精致的，带着到位的、适可而止的时尚，和谐恰当的搭配以及让人一见便倍感愉悦的颜色，让身边所有的人一见，便轻而易举地联想到世间一切的美好事物。这样的女人，将是多么的令人向往啊。

1928 年 3 月 21 日这一天，林徽因和梁思成在中国驻加拿大总领事馆举行了神圣的婚礼。在婚礼上，林徽因穿着一件由自己亲手设计的、极具特色的嫁衣——一套旗袍式的裙装，头饰别出心裁地做成了类似"凤冠霞帔"的中国式传统风格，冠冕似的帽子两侧，垂着长长的披纱，既古典又极富民族情调。这样别致的扮扮，让她美得如同一朵娇艳的花，这是她终生所追求的"中国民族情结"的一次大胆的尝试。

一次看到她那时照的照片，一见便为之深深吸引。这便是我们一再强调的赏心悦目。

千万不要以为这是一件很难做到的事情。其实只要你有心，只要你愿意，几乎你我她每一个女人都能够做得到。还是那句老话说的："世上没有丑女人，只有懒女人。"

中国传统风格的女人总是常常认为自己既然已经结婚生子或

者是步入了所谓的成熟年龄，便表示着自己早已经青春不再，再没有什么时刻是该让自己保持烟视媚行、赏心悦目的时候了，于是渐渐地便开始对自己的形象懈怠、放松了，她们随意地穿着、不修边幅，甚至邋邋遢遢、听之任之，一旦有人问起，她们便会致以不屑一顾的态度说："讲究那么多干什么呀？舒舒服服才是最重要的！"

这其实是一种非常之错误的做法，因为随着这种懈怠情绪的产生，女人们与生俱来的那种魅力也就随之而减弱了，长此以往，必将是对自己信心和形象的一种严重打击。

当然，赏心悦目与美丽事实上还是存在着一定的区别的。美丽的女人不一定便是真的赏心悦目，而真正赏心悦目的女人即使没有倾国倾城的姿色，却也能让人一见倾心、自此难忘。最关键的一点，就是长期的坚持。

别样的精致

可以掩盖诸多的遗憾

　　在林徽因的诸多旧资料中，有一张拍摄于 1936 年的老照片。照片上的她　脸美丽凝结，斜倚在书桌上，深情凝视着安放在边上的一盏青花瓷台灯。整张照片透露的，是一种安静与精致。

　　这一年，林徽因已经是两个孩子的母亲了，她以多病的身躯操持着一个大家庭的诸多事务。家事琐碎、时局动荡、物价涨跌……但却偏偏是在这样一个令人感到极为仓皇不安的年代之中，她用了自己的一身睿智与学识以及满室的书香和墨宝风韵抵挡了生活的平庸与单调。

　　这便是一种女人该学会的精致。

构造这样的一种精致，不一定需要什么名牌的衣服、高档的首饰或者奢侈的道具，这种精致需要的是一种生活的态度。

我们常常会听见人们在称赞身边认识的某一个女人："她太特别了，身上流露的，简直就是别人所无法企及的。""你们看，一件平常的衣服在她的身上穿出了不同寻常的感觉。""你看看，她太有情调了，太会过日子了，太小资了……"

不要以为这样的人离你很远，别以为做到这一步很困难，其实只要你有心，让自己也成为一个样样精致、事事精致的女人一点儿都不是难事。

比如，在沏花茶的时候，放两朵花蕊、加一勺蜂蜜。

比如，在品茗的时候，用上自己心爱的瓷杯、专用的玻璃杯，甚至区分得更加细致，喝普洱茶用茶碗、喝红茶的白瓷、喝大红袍用上紫砂……等等。

这样的讲究，是不是让你想起《红楼梦》里，黛玉、宝玉、湘云、妙玉她们用专门在梅花蕊上收集来的雪水装在坛子里埋在地下一段时候之后，再拿出来泡茶喝的场景呢？那样的一种讲究是不是精致得让你羡慕呢？

再比如，一个下厨做菜的女人，将炒好的青菜用上细白光洁的瓷盘子装好，再摆出别致的造型，然后还在旁边点缀上一朵美丽的小花朵，这样的一盘菜肴，端上饭桌，会不会让她的男人顿时之间胃口大增呢？

　　曾经听到过这样的一个笑话，一个稀里糊涂的女人穿着宽松随意的睡衣到幼儿园里去接儿子，结果被儿子班里的小朋友叫作"奶奶"，这个女人当场就哭笑不得了。

　　其实这就是一种讲究，出席宴会要穿上礼服、上班工作要穿上套装、出外办事情，就算是无须穿着隆重讲究的衣服，但也绝对不要以一件只是晚上穿上床的旧睡衣应付了事。这是每一个女人都必须认真看待的一个问题。

　　精致的女人懂生活、会生活，并因此收获了许多快乐与美好。

巧用颜色
平添品味

　　曾经有个姓杨的女人犯过这样的笑话，因为不懂得穿着搭配，结果常常在与男友约会或者上班的时候随意地将五颜六色地衣服胡乱搭配在身上，比如大红色的上衣配一条五颜六色地花布裙子，脚上再加上一双绿色的凉鞋。多次之后，男朋友忍无可忍的给她冠以一个"杨七彩"的绰号……

　　你是不是每天也在烦恼这样的问题呢？穿什么样的衣服？搭配什么颜色的单品呢？要避免闹"杨七彩"的笑话并不困难，只要你能掌握六种流行色的穿着搭配，通过简单的色彩组合，就能让你时刻都很美、很精致。

第一，具有与生俱来的质感的驼色。一般用羊毛、羊绒以及细腻的呢料来体现如同婴儿肌肤般柔软质感以及纤维本身的色彩，最适合的搭配颜色是白色与黑色。

第二，仿佛发酵葡萄酒一样，经过沉淀之后生成的酒红色。它优雅、高贵，是一种让人觉得眼前一亮却又恰到好处的惊艳色。选择这种颜色的服装，应该尽量注意服装的质感，因为这种深沉而又内敛的质感，更加能够凸显女人优雅高贵的气质。最适合的搭配颜色是黑色与灰色。

第三，永恒不变的经典黑色。有句话说得好，每年的潮流在不停地变，每年流行的色彩也在不停地换，可是唯有黑色神秘、霸气、百搭、沉稳，如同中流砥柱般的关键与重要。无论是工作装还是休闲装，黑色的单品必定是最恰当不过的选择。因为沉稳的黑色几乎是种不挑人的颜色，和其他色彩在一起搭配都能够达到和谐融汇的结果，所以在选择经典黑色的时候，你几乎可以随心所欲地采用你心里想要的搭配风格，因为几乎所有的颜色都能够和它相互衬托，并取得相得益彰的效果。

第四，恬静素美的白色。一袭白色的衣裙总会让你想起什么呢？想起《神雕侠侣》里头不食人间烟火的小龙女，想起《聊斋》之中冰清玉洁的精灵仙子，想起《倩女幽魂》里头那位由王祖贤塑造的、再无法被超越的聂小倩……穿着白色衣服的女子的身上总有一种让人难以捉摸的神秘感，以及一种通透、干净的美丽。白色是一种纯洁又耀眼的色调，能够同所有的颜色作搭配，特别是如同白衬衫这样的内搭单品。只是简简单单地一件，便让你我仿佛回到从前那个白衣飘飞的年代，彼一时醒悟，方知阳光柔软、岁月静好。用暖色搭配白色，总能让人觉得清纯活力，而冷色系则带来一种神秘沉稳的感觉。

第五，墨绿色。或许墨绿色曾经是一个令很多女人感到头疼的颜色，因为它看起来并不是特别容易搭配。但其实它有一个特别好的功能，那就是"显白"。墨绿色是一种低调的色彩，看起来不亮丽但穿起来却十分的扎眼。敢于选用墨绿色服装的女子是极为特别的，她的身上必定有种与众不同的时尚感，这样的女子在别人的眼中必定是美得不由分说的。最适合的搭配颜色是黑色与灰色。

第六，灰色。灰色蕴含着一种美，这种美，是其他色彩所无法企及的，它细腻、理性又柔情似水。属于饱和度的灰色可以被你用来任意地搭配各种各样的色彩，它既可以衬托所有的颜色，又拥有能够调配所有颜色的力量，在任意两个不同的颜色之间，往往只需要搭配上明亮度大小适宜的灰色，一切都能在瞬息之间变得浪漫起来。

因为爱，
所以便有了包容

　　作为一个精明聪慧的女人，她自然明白除了努力让自己的容貌、装扮、阅历、学识得到不断的提升之外，时刻让自己拥有一颗包容的心，也是格外重要的一件事情。

　　包容从来是一种至高无上的美德，是在生活中不断感受、不断接触、不断学习而长期修炼得到的。包容像一阵春风，不断洗涤着人们的心灵；包容有着像海一样宽广而浩瀚，既能接纳一切也能化解一切。包容会带着你跨越困难，找到新生；包容是一种无声又强大的力量，只有能包容的人，生命才会更加饱满。包容是一种博大且精深的意境，是每一个女子乃至每一个人类友好待人的艺术，是聪明处世的经验，是修养的体现。

雨果说："世界上最宽阔的是海洋，比海洋更宽阔的是天空，比天空更宽阔的是人的心灵。"一个人想要获得真正的幸福和终身的快乐，就应该选择积极且正确的包容心态。

1936年1月，丧夫的梁思庄带着女儿从广州回到了北平，初到北平市她们母女就住在梁徽因的家中。尽管先前因为对于某些事情各自见解不同的缘故，林徽因与梁思庄也曾有过一些多多少少的误会与纠结，尽管当时的林徽因还曾经在写给费慰梅的心中对这些事情有过一番篇幅不算短的牢骚（不过根据林徽因的挚友们日后的回忆，面对琐碎的家务事，林徽因经常会发出这样、那样表面尖刻，但实质无心地牢骚），但是尽管这样，当时的林徽因对梁思庄母女俩却是真真实实的好。

那时的她即使是在外地考察，也会特意写信回来，询问她们是否已经安顿好了？一日三餐、生活琐碎，她都近乎全部巨细无遗地关照、询问到了。林徽因对梁思庄的关心和照顾一直到了解放后，也依旧十分地频繁。梁思庄的女儿吴荔明小时候十分喜欢吃雪糕，因此夏天的时候林徽因去梁思庄家探望她们母女俩的时候，总是会用一个小广口式保暖瓶装着满满的雪糕给她吃。

对于林徽因与梁思庄的关系，后来的吴荔明女士是这样回忆的："我的妈妈，一直和二舅妈相处得很好，他们还在十几岁的时候就相识了，后来又一起在国外留学。由于共同接受西方教育，使他们有很多共同语言，亲如姐妹。妈妈说二舅妈林徽因是'刀子嘴，豆腐心'，别看她嘴巴很厉害，但心眼好。她喜怒形于色，绝对真实。正因为妈妈对二舅妈的性格为人有这样深刻的认识，才能使她们姑嫂两人始终是好朋友。"

一个能包容的人，不管在什么地方都能够得到各种契机，他们的人生是圆满的，而他们送给生活的也是微笑多于眼泪。能包容的人不把那些鸡毛蒜皮的小事挂在心上，他们以善为基，以人为本，心存万物，微笑着面对天下的愁苦；能包容的人知足常乐，保持一颗平常心，不强求，不妄念，总是在努力地积极进取。

林洙在《梁思成、林徽因与我》这本书中，所提及的一件往事，也足以证明这一点。当年，林洙以"同乡"的身份到清华先修班学习，被介绍给林徽因。林徽因非常主动热情地接待了她，还在百忙之中为她补习英文。后来，林洙要与当时在清华任教的男友结婚，可是两人却面临着经济困窘的问题，林徽因知道了之后，立刻找到了她，告诉她营造学社有一笔款项专门是用来资助青年学生的，让她先用着。面对林徽因的热情帮助，林洙显得有些不知所措。林徽因看着她一脸窘迫的样子，立刻笑着不由分说地将存折塞给了她，并安慰她说："不要紧的，这笔钱你可以先借用着，等以后经济宽裕了，再慢慢还。"等到后来林洙想还这笔钱的时候，却被林徽因"严厉"地退了回来。

这便是包容在林徽因身上的又一个淋漓尽致地体现。这种包容的心态是一个纤弱女子善良人品的升华，是人性至美的沉淀，是崇高精神的凝结，是穷尽一生也品味不完的智慧美味。拥有包容的心态，会让人感觉到生命的安详和幸福，得到别人的帮助和推崇；拥有包容的心态，可以避免别人的攻击，从而为自己营造一个更加和谐的人际关系圈。

所谓超然者，举重若轻；聪慧者，拿大放小；博大者，虚怀若谷；宽容者，与人为善。多一分宽容，就会少一分狭隘，多一分坦荡；多一分宽容，就会少一分烦恼，多一分宁静；多一分宽容，就会少一分怨气，多一分人气。

包容是一种宠辱不惊，万事淡然的心态；包容是一种设身处地，心装他人的品质；包容是一种笑面人生，乐观忘我的境界。拥有包容，你就能够受益一生。包容不但能够松弛别人，也能抚慰自己。它会让你变得自信和随和，能够让你对人生有更多的感悟，把一些不必要的事情看得很轻。再大的不快，再激烈的冲突，都不会在拥有包容心灵的人心里留下痕迹；他们的记忆里总是快乐，轻松，幸福的，总是能用积极的心态去面对人生的每一件事情。

温暖，
是一个美丽女人该有的温度

在这一章的结尾处，让我们用一段文字，来为之做个总结吧。

做一个懂得悲悯的女子，对人性的弱点，同情的理解、理解的同情，她们有着一种与众不同的细腻，一个这样的女子，无论她身处何时何地，都有一股拯救和温暖心灵的力量。

做一个亲和的女子，不管有着怎样的出身、学历、脸庞……这些仅仅只是对一个女子肤浅的外在判断而已。终究想要认认真真、安安稳稳过日子的男人钟情的还是有女人味的女子，也即是要有"亲和力"。一个骨子里没有谦逊品质的女子，即使她表现得极为亲和，却依旧不仅让人感受不到温暖，还会觉得她极为虚伪。在红尘俗世之中，做一个尊重内心、不俗不媚、宽容随和、通情达理的女子，是一件多么美好的事情。

做一个悠然细致的女子，让人为之深深动容。要知道这个世界上，根本不存在一个粗心的女人能把一个家庭、一众家人的生活打理得有滋有味的事实，这一点唯有内心细致、愿意用心去生活的女子能够做得到。越细致的女子，她的日子便能过得越悠然，可是这不代表这个女子只知自己泡香熏 SPA、敷面膜，出门衣着得体，妆容不俗，反过身对男人却总是"工作够不够好、负担够不够少、钱夹够不够饱"的算计。真正细致的女子，把家人生活的质量放在心里，她们不仅是解决家庭矛盾的高手，而且谋事周全、眼光长远，在家庭财政计划上，也懂得量入为出，把钱用在刀刃上。让男人有"相知相助"温暖感觉的伴侣当属细致女子。

做一个博大包容的女子。向那些无关紧要的斤斤计较挥手告别吧，在这个奔忙不息、压力当道的繁华都市，每个男人都来去匆匆，他们奔波于工作、前程、事业、理想、应酬、经济，他们像一匹长途奔腾的马，没有终点，只有长路。当他下班后斜在沙发里不再动弹；当他周末晚上跟同事泡吧；当星期天的早上他死活不肯起来吃早餐；当他在压力超负荷的当口犯了错误。女子是否包容的美德，将直接决定夫妻生活的去向。但包容不是忍让，这跟女子的修养有关，女子的包容是一种温暖的凝聚力，会让女子更加自信，让男人懂得责任，让生活更加和谐。

做一个时时善良的女子。相信这是一种与生俱来的美德，你愿意时刻去执行、去铭记、去坚持，从你身上发散出来的魅力，也因此无可抵挡。特别是当物质的满足越来越左右着人们的价值取向时，你要相信自己一直信奉、一直坚持的善良品质在男人眼里必将显得愈发珍贵。比如当感情遭遇不可挽回的伤害，向善的女子不是不会自卫和争夺，而是不愿意让更多的人受伤。善良的女子不一定有很深的涵养，但一定是有母仪天下的胸怀，她们会牺牲自己的利益成全他人，但不会失算地委曲求全。善良的女子必定是世上最纯洁的一朵花儿，她们兀自芬芳在繁花似锦的彼岸，只有懂得珍惜的男人，才能明白她的珍贵。

做一个愉快乐观的女子。人生在世，必定有属于自己特有的回忆，有快乐的也必然会有不快乐的，对于这些回忆，你会怎么处理呢？永远记得那些开心、快乐的？还是围绕着你的始终只有那些伤心的、失落的、痛苦的、伤悲的？其实只要你能够说服得了自己，你便会发现一个人一生的回忆，仅仅只是如同一个硬币的两面，不是正面就是反面。如果你经常记得不愉快的人、不愉快的事，生活就跟着变得不愉快起来。相反，有些女子却能在跟老公吵架的时候记起她求婚时的表情、他怀抱的温暖。这里的"吵"是一种乐观、积极的沟通方式。这样的女人即便是面临命运的不测风云，也不会唉声叹气，而当它是动力。面带微笑、坦然自处，男人有乐观女人的相伴，一生都将阳光灿烂。

做一个善于坚守的女子。不懂坚守的女子，数年的感情敌不过一夜的诱惑，"一起打拼"在"不劳而获"面前丢盔卸甲。要知道，任何时候，懂得坚守爱情的女子必定有一颗爱的心，有藤蔓一样柔韧的性格。这样的女人才会令男人念念不忘、痴心不改。

当你做到了这种种，你的身上便有了一种美好的温暖，这种神秘的"暖气流"必将是你获得爱情、幸福、美满、快乐的催化剂。

第七章 人生路上，要用真心说话

我用我心说我话，我用我手写我心。不管前方的旅途如何的颠簸，不管前方的人生如何的坎坷，不管未来的你我将要遇到什么样的艰难、阻隔，我们都应该毫不犹豫地坚持着，因为一个始终坚韧的女人，她身上散发出来的人格魅力，是永远都不会消逝的。

语言的魔力，

是一个女人永远不能忽视的

"脉脉含情的秋波，随风飘曳的长发，启齿微动的樱唇，肤色白皙的颈脖，丰满起伏的胸脯，举止匀称的双脚，圆润迷人的嗓音……女性的魅力之处，是举不胜举的。不用说，它是因各人的爱好不同而不同的。"

日本文艺理论家滨田正秀的这段话，正好说明女人的语言魅力是所有女性魅力之中值得被重视、不容忽略的关键点所在。在人际交往之中，一个令人向往、钦慕的女子，除了其与众不同的内在以及外在特征之外，说话时的高雅谈吐，也是时时刻刻在为她们的美增添分数的。

还记得那首名为《上邪》的诗歌么？

"上邪，我欲与君相知，长命无绝衰。山无棱，江水为竭；冬雷震震，夏雨雪；天地合，乃敢与君绝。"

"亲爱的人啊，我与你心心相印，永不分离，只有到山陵崩塌地陷，江水枯竭，冬天打雷，夏天落雪，天塌地陷的那一天，我们的爱情才能消亡。"

几千年来，这首诗歌被广泛地流传于一代又一代的恋人的口中，皆因为那字里行间流露的，是一个女子与天地共存的爱情誓言，是一种浓烈且美好的真挚情感。浓郁、甜美……这样的表达，正是女子语言的魅力所在。假若一个女子在面对自己所爱的那个男人时，能拿捏好"柔情似水意暗道"这一个关键点，那么其后所产生的情感力量也必定是排山倒海、不可估量的。

婚前，梁思成问林徽因："有一句话，我只问这一次，以后都不会再问，为什么是我？"

林徽因回答说："答案很长，我得用一生去回答你，准备好听我了吗？"

于是后来，梁思成曾诙谐地对朋友说："中国有句俗话：'文章是自己的好，老婆是人家的好。'可是对我来说是，老婆是自己的好，文章是老婆的好。"

含蓄委婉的语言，美丽而迷人。懂得把握好这一分寸的女人是聪慧精明的，因为她们懂得自己应该根据交谈环境的需要而把握好自己的言辞表达方式，不至于因为自己一时的冲动与冒失鲁莽使得对方难堪，或者难以对自己提出的意见与观点进行回复与作答。

在林洙女士后来的回忆里，有这样的一番对话记录，是关于梁思成在回忆林徽因与老金以及自己三个人之间的情感问题的：

"我曾经问过梁公关于金岳霖为林徽因而终身不娶的事。梁公笑了笑说：'我们住在总布胡同的时候，老金就住在我们家后院，但另有旁门出入。可能是在1931年，我从宝坻调回来，徽因见到我哭丧着脸说，她苦恼极了，因为她同时爱上了两个人，不知怎么办好。她和我谈话时一点都不像妻子和丈夫谈话，却像个小妹妹在请哥哥拿主意。听到这事我半天说不出话，一种无法形容的痛苦紧紧地抓住了我，我感到血液也凝固了，连呼吸都很困难。但我感谢徽因，她没有把我当一个傻丈夫，她对我是坦白和信任的。我想了一夜该怎么办。我问自己徽因到底和我幸福还是和老金一起幸福？我把自己、老金和徽因三个人反复放在天平上衡量。我觉得尽管自己在文学艺术各方面有一定的修养，但我缺少老金那哲学家的头脑，我认为自己不如老金，于是第二天我把想了一夜的结论告诉徽因。我说她是自由的，如果她选择了老金，祝愿他们永远幸福。我们都哭了。'"

在这段往事里，林徽因含蓄委婉的语言沟通方式无疑是一大亮点，她是个富有修养的女子，所以懂得在什么样的场合、什么样的场景里需要用什么样的、有分寸的语言来表达自己心中潜藏的想法和意见。

在人们各种各样的人际交往中，几乎每个人都会首选与一个语调温柔文雅的女子交谈，因为这样能够构成一种温和的情调，营造一种平和、亲切、融洽、美好的氛围。相信绝对没有人愿意主动选择一个一开口便口出狂言，粗俗骄傲、不知所谓的女子来作为交谈的对象的。

我们常说"文为心意，言为心声"，语言是一个人心灵的外化和思想的直接体现，我们常常可以通过语言和谈吐了解一个人的思想、道德、情操、志趣。这也正就是所谓的"心之所感有邪正，故言之所幸有是非"的道理了。

多才多艺的林徽因，天性幽默活泼，她的言辞论调更是常常让身边的人为之折服，为之吸引，有很多人更因此成了她一生的挚友。

费慰梅曾经这样形容林徽因的言语："她的谈话同她的著作一样充满了创造性。话题从诙谐的轶事到敏锐的分析，从明智的忠告到突发的愤怒，从发狂的热情到深刻的蔑视，几乎无所不包。"

在你未开口时

先把握好自己的技巧

得体优美的谈吐是增添一个女人无限魅力的必备法宝，是女人高雅脱俗的内在精神气质与修养的一种折射。仿如一种悠长的美，一旦展露便如同润物无声的春雨沁透人心。

说话时，请你务必做到饱含温情，因为这样的话语，足以温暖他人胸怀的同时，也可以映衬你温婉动人的善良本质。

说话时，请你务必时刻善解人意。因为一个善解人意、能够及时为人解忧消愁的女人，总是能够比别人更加容易获得对方的好感与青睐。而这其中蕴含的，则是一种人们比较普遍的心理。我们总是会对那些对自己言行很容易就能够心领神会、体贴入微的人怀有一种由衷的欣赏与热爱。

说话时，请你务必充满真诚自信。因为那些由你口中发出来的缺乏自信的言辞，总会让那些有意与你攀谈的人们觉得扫兴。唯独那些向来对自己充满自信的女子，以及她们恰到好处的言谈举止，既不自轻自贱，又不盛气凌人，留给人们刚刚好一百分的印象，这种感觉自然而生动，个性昭然，令人一见难忘。

说话时，请你务必保持反应伶俐。因为聪明的女子向来都是最受欢迎的。试想一个开口就露馅的"绣花枕头"，又能够真真正正得到几个人的赏识呀？当然，反应伶俐并不代表着你必须唇枪舌剑，咄咄逼人，更不代表着你必须自此主动放弃掉反驳的机会和权利。这是一个十分关键的分寸，希望看到这本书的你，能够好好的学会把握。

说话时，请你务必保持活泼俏皮，因为适当的幽默感能让女子更加的受人青睐。当然这里头还是要值得你注意的一个关键点是，女子那份幽默之中应该包含的是一种柔软、温和、点到为止的度数，千万不要一时得意，便忘乎所以。

说话时，请你务必懂得温婉含蓄。因为从来一个说话含蓄委婉，能够巧妙地将自己丰富的言外之意隐藏在巧妙的暗示之中的女子的身上，总是有一种让人回味无穷的魅力，所以这是至关重要的一点，千万时刻谨记。

说话时，请你务必做到温声细语。因为一个魅力万千的女子，绝对不会是一个顶着一幅大嗓门，整日以骂街为荣的形象的。

说话时，请你务必显露高雅情趣，因为这样的言语，必然极像山中的清泉、天空的云朵，淡雅清纯、余音绕梁。而与此相反的俗不可耐，只会令人更加无端生厌而已。

关于言辞的技巧，林徽因向来是你我的榜样。

当年，她与梁思成两夫妇搬到了北平总布胡同的四合院之后，因为他们各自渊博的学识和人格魅力，使得身边很快便聚集了一批在当时中国文化界中称得上是精英、楷模的学者。他们常常在星期六下午陆续来到梁家聚会，大家一起品茶、聊天，谈论文学、评价政事。在这其中，林徽因敏捷的思维，擅长引起各种各样的话题，极具亲和力和感染力，给人们留下不可磨灭的印记。

不要忽视
语言的效应

不知道你是否曾经有过这样的感觉，有时候你会觉得自己要说的话，对方很容易就接受了。而有时候，你为了说明某一件事或者某一个问题，啰里啰唆地说了大半天，但是对方就是没有办法听懂、听明白你的意思。究竟是你说的话让对方觉得不愿意接受呢？还是你说的话让对方觉得很难接受呢？

之所以会出现这种情况，多半还是由于你当时所用语气不同而造成的结果。

有人做过专门的研究之后发现，一个充满自信的女子，在说话的时候用得最多的必定是肯定的语气。

就如同多才多艺的林徽因一般。她向来给人的印象便是幽默活泼，心直口快，常常想什么说什么，于是有时常会出现批评起人来毫不留情面的情况。

这便是很好的一个例子，它充分表明一个女人的气场会随着女人讲话时候的语气不同而发生不同强弱效果的变化。当然，这样的建议并不意味着从此一个女人说话时必须得通过声高来显示自己强而有力的气场。必须弄明白的是，你要懂得你的气场关键在于靠语气的得体而取胜。

什么叫作"语气的得体"呢？

首先，说话时请注意自己所在的场合。

大场面，你便可以适当提高自己的音量，再把语速尽量的放慢下来，这是为了突出你说话的重点，让别人尽快地明白过来。

小场面，你便应该随机应变地降低声音，再适当加快语速，使得自己在一种顺其自然的安静淡定的氛围之中。

其次，说话时请注意打住谈话的时机。

所谓"天时、地理、人和"缺一不可，时机，向来是非常关键的。一句相同意思、相同内容的话，在不同的场合、不同的时机之中说出来，所得到的效果往往大相径庭。

最后，一个聪明的女子，往往是非常了解自己的。这样的人，自然也懂得如何驾驭自己的语言能力。唯有这样才会让自己变得更加的精致，令人久久难忘。

第八章　用心学，在纷扰尘寰中

最美的风景，莫过于看着一个女子，手捧一本书籍，在芬芳的玉兰树下静心阅读的场景。当那些洁白的花瓣儿坠落，成为她书本之中的一个标记，你会发现，这样的女子令人一世难忘。

读书，

让女人更加美丽

　　古往今来的很多女子，都很喜欢读书、藏书、写书，书仿佛是她们经久耐用的时装和化妆品。这样的女子即使她衣着普通、素面朝天地走在花团锦簇、浓妆艳抹地其他一众女郎之中，都分毫不减美丽，反而更加格外的引人注目。这就是气质、是修养、是缓缓流溢的书香气息让她们显得美丽抢眼、与众不同。

　　爱读书的女人，无论她走在何处，终究都是一道优雅清丽的风景。林徽因便是这样的一个女人。

　　1920年初夏，年仅十六岁的林徽因伴随着父亲千里跋涉来到了欧洲。在这片陌生却又崭新的国度里头，林长民常常要用上很多的时间去参加各种各样的应酬，当他忙于这些事情的时候，常常会顾不上林徽因。所以更多的时候，林徽因都是一个人静静地待在伦敦的寓所里头的。

她的感受其实是挺复杂的。一个人的时候，她更多的是依偎在壁炉旁，一本接一本地阅读英文版的书刊。她读维多利亚时代的小说，读丁尼生、霍普金斯、勃朗宁的诗，读萧伯纳的剧本。刚开始，她的阅读还带有学习英语的目的，可读着、读着，这些书就引领着她走进了一个令她心醉神迷的世界。尽管其中一些作品她早在国内就看过林琴南的中文译本，可现在读到了原著她才知道那些文言的译本是多么的不尽人意，简直与原著有着天壤之别。

林徽因天性便是敏感而细腻的，是阅读与文学唤醒了她潜藏在心中的对生活的种种体验，是阅读与文学激起了她追求文化、追求理想与生活的强烈共鸣。

对于读书，每一个不同的女人会有各自不同的品味。

有的女人将读书当作一种娱乐和消遣，将读书看作附庸风雅，她们热衷于缠绵悱恻的爱情故事和明星名人的花边新闻。这样的女人是比较实际的一类人。

有的女人将读书当作获取知识、增长学习的一个途径。她们注重思想性强、有哲理、有深度的书籍，读书提高了她们的人生境界，使她们生活得更加充实。这样的女人本身就如同一本书，一本耐人寻味的好书。

有的女人将读书当作是愉悦身心、陶冶情操的一种方式。她们喜欢唐诗宋词的风韵、古今中外散文的优美，她们在悠悠哉哉的闲适中修身养性，从而拥有了自己淡泊平静却又充满雅致的一生。这样的女人如诗如梦，清新素净，惹人怜爱。

由此可见，书是能够影响人心灵的，经常读书的女人言必有据，不会轻易地人云亦云，或者信口雌黄。她们常常用心思考自己所要的做每一件事情，能把看似无序而纷乱的世界理出个合适的头绪来。这样的女人所做的每一件事，所走的每一步路都是经过深思熟虑的。

梁思成后来常常回忆生命之中曾经的那个爱读书的妻子林徽因。也许在他的记忆中，她的美丽是别致的，不是鲜花、美酒所能比拟的。她更像是一杯散发着幽幽香味的清茶。在她的身上，脂粉已经成为多余的装饰，不管身在什么的状态，即使是在她饱受病痛折磨、弥留之时，她都永远显得那么样的潇洒自如、神采奕奕。

是读书，让女人变得聪慧、坚韧、成熟；是读书，让女人懂得包装外表固然重要，而更重要的是心灵的滋润。或许你唯有让自己埋首书海之后才会欣然发现，书籍让你忘了所有的磨难与困顿，与之为偶，你将永远忘记了叹息。

与书为邻，
芬芳自若

这是一个很唯美的巧合，"书"与"淑"恰好谐音。

"书"即是成本的著作。一本好书常常拥有着让人着迷的魔力，它能让你从中得到很多外在无法轻易得到的事物。

"淑"，温和、善良、美好。人常用"淑女"来形容一个女子内外兼修的美好样子，她带给人的，是无尽的眷恋与向往。

"书"与"淑"，书与女人之间永远有着剪不断的牵扯。

或者你会觉得，一本好书给予你的感觉就像记忆之中那棵扎根在家乡村口的大槐树，无时无刻不令你深深向往。但更多的时候你觉得远离了它，你其实也能够照常的生活下去的。每天的日子无非尽是柴、米、油、盐、酱、醋、茶……但是你无法很快意识到的是，与书隔绝，你的心自此也就失去了目标，半生浮沉之后，你将自己的诗情画意、斗志创意都埋进了平庸与琐碎之中，浑然不觉自己已经变了，变得言语空虚、眼神恍惚、心底狭隘、见识短浅……

毕淑敏说过："好书对于女人，是她们招之即来的永远不倦的朋友。"

与书为邻，让女人更善于倾听，因为书教会了女人谦逊，让她明白，人生在世，吸收、接纳就是成长。

与书为邻，让女人更充满自信，因为书教会了女人明辨长短与是非。让她在众人的面前时刻得体，既不自大、也不自卑。

与书为邻，让女人更乐于思考，因为书开阔了女人的眼界，让她终于明白世态如硬币，既有正面也有反面，一厢情愿只是枉自的幻想罢了。

与书为邻，让女人更善于决断，因为书中阐述的关于历史的进程，让她懂得万事有得必有失，优柔寡断只会贻误了最佳的时机。

有时候，你会不会觉得当自己置身人群的时候，会突然发现自己找不到能与别人融合的话题了？或者，突然发现对于别人正在侃侃而谈的话题你竟然半句也接不上了？

因为精致所以最美——做林徽因一样的女人

如果真的出现过这样的情况，不如从今天开始就做个与书为邻的女子吧。因为读书的女人，明白天外有天，别有乾坤，所以较少出现持续地沉沦悲苦；读书的女人，因为有了书这位招之即来、永不倦怠的朋友，所以较少出现习惯性的孤独惆怅；读书的女人，因为书让她牢记每一个人、每一个个体都永远只是恒河沙粒、沧海一粟，所以较少怨天尤人孤芳自赏。

来做一个与书为邻的女子吧，你若芬芳，清风自来。

把书籍
视作驶向明天的方舟

1940 年，一个沧桑颓落的年代。这一个时期，林徽因一家人在李庄的生活状况可以引用莎士比亚的悲剧《哈姆雷特》中那位忧郁王子的一句著名的内心独白作为概括：

"To be or not to be, that is the question."

活着还是死去，这是个问题。

在近乎自然经济状态的生活环境中，李庄几乎与世隔绝，和外界的往来联系全靠水上交通，生活条件比在昆明时更差。没有商店、没有医院、没有任何一点现代文明的气息，娱乐设施在这个时期根本就是奢想，就在这个依山临水的小村子的山下一座农家院落是他们所有人唯一可以活动的全部空间。

四川的气候十分潮湿，而那一个冬季又是阴雨连绵不歇再加上路途颠簸劳累，再一次诱发了林徽因的肺病。这一次发病，来势汹汹，连续高烧四十度不退。

可是尽管生活这样艰难、尽管身体如此困苦，林徽因还是没有放弃读书的念头。每一次梁思成费尽周折、跋山涉水地出庄而去，林徽因都会要求他从史语所为她借来许许多多的书，虽然身子不能像正常人一样活动自如，但是她依旧躺在简陋的病床上翻经阅典、查找资料。

这一个时期，她读了大量的汉代历史，为梁思成研究汉阙、岩墓的研究论文提供了大量资料。她还翻译了一批英国建筑学期刊上的学术论文，还准备在这样的精神状态下撰写关于住宅建筑的论文。

在梁思成写给费正清和费慰梅的心中，他这样阐述了他们在李庄的生活和林徽因的状况：

"……很难向你描述，也是你很难想象的：在菜油灯下做着孩子的布鞋，购买和烹调便宜的粗食，我们过着我们父辈在他们十几岁时过的生活但又做着现代的工作。有时候读着外国杂志看着现代化设施的彩色缤纷的广告真像面对奇迹一样。……我的薪水只够我家吃的，但我们为能过这样的日子而很满意。我的迷人的病妻因为我们仍能不动摇地干我们的工作而感到高兴。"

这样的一段话中，梁思成称林徽因为"我的迷人的病妻"。不要觉得他用词夸张，是的，尽管长期卧病，尽管生活如此艰难困苦，但林徽因仍然用如此乐观、坚强的精神坚持着看书、翻译、写作。这样的女子，怎么不迷人呢？在梁思成的眼中，林徽因是"迷人的病妻"，在众多朋友眼中，林徽因是"迷人的才女"。

那些日子里，她几乎对汉代历史入了迷，但凡有人来看望她，无论谈及什么样的话题，她都能联系到那个早已淹没在历史长河中的朝代里去。

等到林徽因精神再好一些的时候，她最喜欢让女儿和儿子坐在床前，亲口给他们背诵、讲解古诗。

她给他们朗诵杜甫的"可怜小儿女，未解忆长安"，陆游的"王师北定中原日，家祭无忘告乃翁"，辛弃疾的"何处望神州，满眼风光北固楼。千古兴亡多少事，悠悠，不尽长江滚滚流。"……林徽因将自己满心的期待融化在这一句一句诗歌的字里行间，她期待着安定的日子尽快到来，这样的希望，在她的流亡岁月中从来不曾泯灭过。

除此之外，林徽因还给孩子们读罗曼·罗兰的《米开朗琪罗传》和《贝多芬传》。英文版的传记她读一章讲一章，特别详细

因为精致所以最美——做林徽因一样的女人

地讲述了米开朗琪罗为圣彼得教堂穹顶作画时的艰辛。她对贝多芬耳聋致残之后肉体和精神的痛苦感同身受："……当我旁边的人听到远处的笛声而我听不到时，或他听见牧童歌唱而我一无所闻时真是何等的屈辱！……是艺术，就只是艺术留住了我。啊！在我尚未把我感到的使命完成之前，我觉得我不能离开这个世界。这样我才挨延着这种悲惨的——实在是悲惨的生活。这个如此虚弱的身体，些许变化就会使健康变为疾病的身体！……"

这样的文字，与其说林徽因是在读给孩子们听，倒不如说是在读给自己听。通过文字去感受这些人们一生完整的坎坷历程，林徽因从中汲取了顽强不息的能量。

在林徽因亲笔写给费慰梅的书信中，她是这样介绍自己读书的情况的：

"……顺便说起，我读的书种类繁多，包括《战争与和平》《通往印度之路》《狄斯累利传》《维多利亚女王》《元代官室》(中文的)《北京清代宫殿》《宋代堤堰及墓室建筑》《洪氏年谱》《安那托里·费朗西斯外传》《卡萨诺瓦回忆录》，莎士比亚、纪德、萨缪尔·巴特勒的《品牌品牌品牌》、梁思成的手稿、小弟的作文、和孩子们爱读的《爱丽丝漫游奇境记》的中译本……"

林徽因对书籍、对阅读的热爱，正如罗曼·罗兰在《米开朗琪罗传》的前言中说的："世界上只有一种真正的英雄主义，那就是在认识生活的真相之后还依然热爱生活。"

　　林徽因用自己的心灵去阅读、去聆听、去感受各种各样的书籍与文字带给她的强烈共鸣，一本本的书在这里已经成了她精神的氧气和维他命，她始终相信无论生活如何的艰难困苦，书籍始终是她得以依赖并且驶向明天的方舟。

内在美

在于修炼

多年以后的林洙，一直记得 1948 年她第一次见到林徽因的情景。

"我定睛看着她，天哪！我再也没有见过比她更瘦的人了。这是和那张照片完全不同的一个人，她那双深深陷入眼窝中的双眼，反射着奇异的光彩，一下子就能把对方抓住。她穿一件浅黄色的羊绒衫，白衬衣的领子随意地扣在毛衣上，衬衫的袖口也是很随便地翻卷在毛衣外面。一条米色的裤子，脚上穿一双驼色的绒便鞋……我承认一个人瘦到她那样很难说是美人，但是即使到现在我仍然认为，她是我一生中见到的最美、最有风度的女子。

她的一举一动、一言一语都充满了美感，充满了生命，充满了热情。她是语言艺术的大师，我不能想象她那瘦小的身躯怎么能进发出这么强的光和热。她的眼睛里又怎么同时蕴藏着智慧、诙谐、关心、机智、热情的光泽。真的，怎么饱含这么多的内容。当你和她接触时，实体的林徽因便消失了，而感受到的则是她带给你的美，和强大的生命力，她是这么吸引我，我几乎像恋人似的对她着迷……"

女人的容貌是不断发生变化的，会随时间的流逝而红颜不再，因此很多的女人都很害怕"红颜不再"这样的词语印证在自己的身上。但是你知道吗？即使时间荏苒，即使青春易逝，都不代表我们自己没有能力让这样的流逝停止的，因为我们完全可以通过内养来保鲜自己，通过自身所散发出来的独特气质来让别人觉得你一直年轻永远充满活力。

何为"内养"呢？内养是一个女人保持独特气质的基础，包括学识、阅历、气质、品行等等，更具体的概括来说"内养"应该是精神和心灵层面的修养。这些林林总总的内在修养透过血脉和筋骨浸润着女人的容貌，即使历经风雨，也展现着女人从容大度的雍容与典雅。

林洙上面那段回忆里头说的"照片"，其实是指当年她第一次来到林家时，在书架上看到的一张照片，这张照片是林徽因和她父亲的合影。当时的林徽因只有十五六岁，眉若春山，睛似点漆，肤若凝脂，她依偎着父亲，一只胳膊轻轻地搭在父亲的肩上，她的面容、神情、身姿极美，这种美极为健康与自然。

然而，等到林洙真正看到林徽因的时候，林徽因已经是个经历了常年病痛折磨和生活沧桑的女人，或许青春已逝、年华渐老，但这丝毫没有影响她呈现在林洙眼中的美。这种美，有别于那张照片之中的美，这种美，是一种经过磨砺、沉淀之后所呈现出来的、深邃地、智慧的魅力。

曾经有一本书上这样说过："女人的容貌，三十岁以前靠父母，三十岁以后靠自己。三十岁以前，女人的长相多由遗传因素和生存条件所致；三十岁以后，容貌通常是教养、个性、阅历、人生观等等方面的综合体。"女人的一生都应该不断汲取"营养"的，如同林徽因一般。生活的磨难没有将她的美丽与魅力磨灭，让她终究归于平凡，而是在各种各样的磨难之中汲取了各方面向上坚毅的"营养"，于是在经过长期的积淀之后，终于在她的内在之中生根发芽、开出了芬芳的花朵。

在后来的日子里，林徽因帮林洙安排了借宿的地方，林洙在清华选修了一些课程。她听梁思成讲授中国建筑史和西方建筑史，每周二、五下午到梁家上课，林徽因亲自辅导她的英语学习。上完课，林徽因总是邀请她一同喝下午茶。在这里，林洙认识了很多学者、教授和文人，她注意到梁家茶会的话题十分广泛。各种有趣的人和事，政治风云、学术前沿、科学发现、艺术见解几乎无所不能涉及，而林徽因总是这一场场茶话会的中心。她对艺术清澈的见解，她对丑恶彻底的轻蔑，她自由宁静的仪态，总是具有那么强烈的吸引力……

这便是"内养"的体现，只有根深才能叶茂，内养是女人魅力与美丽永远不朽的根基。

学习是

唯一的，更是必需的

　　直到现在，我们一直都在谈关于内在美，谈关于内养对于女人来说该是有如何的重要的问题，而且我们　再地强调学习是每个女人的必修课，因为它是女人缩小自己与成功之间最快最好的办法。

　　所谓"花无百日红"，女人的美丽是短暂的，女人可以用来学习的时间也同样是有限的，那么你可曾想过诸多的细节摆在你的面前，若说真要学习，你又该从何处学起呢？

　　首先应该善于在工作的失误中学习和总结。

　　当你在工作中遇到问题时，翻阅书本是找不到任何解决事情的方法和答案的。唯有你自己经常对工作过程进行回顾，想象自己当初的设想，找找当初的初心，再看看现在的偏差，找找究竟错在哪里，如何纠正如何弥补等等，只有经过这样长久的磨练，才能让你的能力得到提高。

其次是如何有效地掌握时间。这是一个相当关键的问题。

不知道你是否常常有这样的感觉，时间总是太多匆忙了，以至于你每天来去匆匆，连停下来品一茗茶、赏一朵花的时间都觉得奢侈。

是的，这就是生活。

生活是繁忙的，时间是有限的，如果你尚且不能学会有效地掌握时间，那么就有可能被交错的人际关系搞得焦头烂额、疲于应付。所以凡事要学会分清轻重缓急，紧急的事情直接解决，不紧急的事情先记录下来，再寻觅某一个集中的时间逐个解决吧。这样一来，能让你省下不少的时间，做起事来也会更加得心应手。

再者你懂得换位思考吗？

遇见问题，特别是那些让你感觉异常不平、气愤的事情的时候，你是如何让自己平息心中无限的怒气的呢？如果你能经常把自己放在对方的立场上去考虑问题，想想假若将对方换做是你，你又会怎么做。如果你真能做到这一点，那必将更有助你更加理性地去对待在你周围的人事物，同时也能让你赢得对方的满意。

另外，你是否善于表达自己的创意和想法呢？

特别是在工作完成向上级汇报的时候，你是如何想、又是如何做的呢？假若碰上这样的时刻，请记住必须有自己的想法，因为那些事无巨细、样样汇报又唯唯诺诺、没有主见的人，是很难得到别人的赏识的。

最后，让我们一起努力克服困难，用一颗冷静理智的心去面对问题、解决问题吧。且相信世间的方法总是要比问题多得多的，没有到不了的明天，没有走不了的路，没有什么困难是我们克服不了的。

话说到底，女人若希望自己的一生终有所成，就必须有强烈的自我提升、自我学习的欲望，只有不断进取，不断学习，才能随着能力的提高，获得自身实力的提升。请时刻记住，人生在世，学习是唯一的，更是必需的。

第九章　为梦想，做真实的自己

因为我们不能移除全世界的石头和荆棘，让前行的道路从此平坦笔直，因为我们不能告别全世界的流言和猜测，让前行的道路从此宁静芬芳，所以想要在这条路上走得更远，最好的方法便是做最真实的自己。然后，成败自清醒，是非一笑过……

扬长避短，

只选择最适合自己的

　　一个人，特别是一个女人，了解自己、明白自己、懂得自己、理解自己是最重要也是最关键的。特别是在职场之中，所谓"扬长避短，适合自己"。

　　因为一个人真正了解了自己的喜好，才能选择到一份自己真正感兴趣的职业。这个前提有利于日后的你发掘并培养你自己的潜力，它能够帮助你在事业上获得更大的成功。

　　能够选择到一份最适合自己的工作去做，能够因此让自己时刻充满着激情和动力，学习到更多的东西，充分实现自身的价值。这样的女人，是最让人为之深深吸引的。

　　林徽因就是这样的一个女人。

　　作为中国二十世纪第一位杰出的女建筑学家及著名诗人、作家，文艺界的"第一才女"到"中国现代建筑学的先驱"，林徽因身上那种天然的才气、精致的洞察力，让她在文学创作领域、戏剧舞台美术设计领域以及建筑学领域都留下了"林徽因式的印痕"。这种魅力，空前绝后，是绝对难以为别人所超越的。

　　林徽因曾经这样对梁思成说过："建筑审美容不得半点势利。那些声名显赫、得到康熙、乾隆嘉许的景致未必就好；而这些名不见经传、湮没在乱石荒原草中的断碑颓垣、残墟遗构，却也许是真正的宝贝。"

　　也许你我很难想象出原本身体纤弱的她，是如何在泥泞并且颠簸不堪的乡间小道上吆喝着骡车的样子。在阡陌纵横之间，正是这样一位身子单薄的女人，不顾前途黄土弥漫，毫不犹豫地走进一座座早已斑驳的墙垣之中，发掘着建筑史上的经典。

　　在风餐露宿之中，她没有一丝的退缩与逃避，为的仅仅是一份最最淳朴的初心。为了让所有中国大地上古老的建筑再次走向时代之中、再次被赋予生命更有力量的价值。

　　为了这样的一个梦想，她走遍了全国十五个省份的山野乡林、高山云梯，采撷历史的风云，用最为朴实直接的科学考证，从南到北地找寻足迹和线索，将这些"活着"的历史一一地发掘，翻新，形成一种建筑学术体系，开了许多创新的先河。

1923年的三月份，林徽因著名的学术论文《论中国建筑的几个特征》在《中国营造学社汇刊》上发表。人人都知道这是她的第一篇建筑学研究论文，也是她对中国建筑艺术纲领性的总结，但是却极少有人知道，写作这篇论文的时候，她刚刚开始妊娠。妊娠反应常常让她感到极度难受而离开写字台和绘图板，可是这样并不能将她难倒。从整篇文章的思路，包括其中各种图例的绘制来看，她完成得极为顺利和流畅。

这一篇论文，直到今天都对中国的建筑学研究有着十分重大的意义。我们不得不叹服林徽因对工作、对理想的高度热情与执着。

林徽因的经历，总能让人想起著名的心理学家马斯洛曾经说过的一句话："一个人能够成为什么，他就必须成为什么，他必须忠实于他自己的本性。"

她的成功，其实就在于她能够真真正正地做到"倾听内在的声音""选择在本质上适合自己的东西"并因此达到了自我的实现。

说到底一个人选择一份职业，选择一条自己喜欢的、适合自己的人生道路是至关重要、不容忽视的。因为一个人自身所具备的才能如果没能得到正常的发展和发挥，她（他）便有可能常常因此感到隐隐的不安和失落，所以为了不让自己永远陷于这样的彷徨之中，我们每一个人在选择职业这个问题面前，真的需要扬长避短、三思而行。

作为一个聪慧的女子，最好在择业之前，先为自己想好两个方面。

职业于你，是个什么样的概念呢？

如果你终究只是把职业当作一种谋生的手段，那么你所需要考虑的便仅仅是你自己的能力、外在的可用资源，以及这个职业赚钱的程度而已。

如果你希望自己找到的职业能够成为一条实现人生理想的途径，希望它能够满足你自己内心深处的情感需求，那么你需要考虑的问题就不仅仅只是以上的这些了。

女人在为自己选择一份职业的时候，切忌只凭一时的兴趣或者冲动盲目。一旦你在毫无头绪、毫无想法、毫无准备的时候进入一个目前看来流行的职业后，你要面对的未来，其实是未知的，是有一定程度的风险的，因为你未必能真正成为某一个行业中的优秀者，也未必能得到丰厚回报，而且，谁能确保目前看好的职业行情将来不会变化呢？

而与之相反的是，如果你选择了一个符合自己的个性、能力和兴趣的职业，你不但容易成功，而且工作过程本身常常就给你带来了很多满足。可以说，从事一个自己"胜任愉快"的职业，是一种幸运和幸福。

良好的人际关系
是每一个精致的女人所不能忽略的

我们总是在各种各样的书籍里头看到这样或者那样的建议和提示说，良好的人际关系是舒心工作、安心生活的必要条件。所以，良好的人际关系是每一个精致的女人所不能忽略的重要一点。

想要保持一个良好的人际关系，在你我每日置身的职场里，也是处处皆有学问和讲究的。

在此之中，聪明的女人，总是懂得自己该如何完美、巧妙地进退，因为她们明白，保持与别人的良好的合作和友善的待人处事态度是除了争取好业绩之外最为关键的一方面。

"黄金一分钟"便是一个值得推介的著名的心理词汇，你听说过吗？

或许你会问，究竟什么是所谓的"黄金一分钟"呢？在这里，不妨让我们一起来做个假设吧。

清早，当你第一脚踏进公司前台开始，到走到座位上坐下来，这短短一分钟里头，你最首要、最必须向大家传达的最重要的信息是："各位亲爱的同事们，我很高心见到你们。""又是一天愉快的工作时间开始了！""来吧，我是聪明而快乐的员工，没有什么难题能够难倒我的！"等等。每天坚持"阳光满面地向每个人说声'早安'"，能让你的形象在同事们的眼中变得积极而正向。

试想一个阳光、正向、积极的"美女员工"有谁能够抗拒呢？所以，请你千万把握好关键的"黄金一分钟"。

"新鲜感"尤为重要。繁忙而紧张的办公室生涯，其实是很单调无趣的，所以，一个"有新鲜感"的"美女员工"在其他同事眼里也会如一阵沁人心脾的春风般。

试试这么做吧。你穿着古板而千篇一律的工作装，但却经常更换惹眼的小首饰，或者经常把自己淘到的小饰品，甚至数码产品拿出来让大家分享，久而久之，大家都会对你产生一种特别的感觉："这真是一个特别的人呀！"要知道在尔虞我诈的商场之中，真正能留给别人好印象、真正能被大家接受和喜欢的人，往往就是这一类充满童趣和惊喜以及让人感觉很大气的"特殊人物"。

"你好，麻烦你帮我把这份文件复印三份好吗？"

"麻烦您了，请你立刻帮我把报表送到财务室好吗？咱们等着他们审批呢！"

"亲爱的，昨天真的谢谢你了，要不是能够得到你的配合，我想这事是没法完成得这么圆满的。"

类似于上面这样的话语，你不要觉得别扭，试试在同事沟通之中多用上几句。说的时候，还千万要配合上温柔的语气和亲切的笑容。然后你会发现，你的同事们更加配合你的要求了。

因为大声说话且话语内容简单扼要的人经常会给人造成一种高高在上、个性张扬的感觉，这样一来，就算大家真的认可你的工作业绩，但也极有可能因为你高八度的声调或者简单直接的态度而对你减少一份亲切的感觉。所以，想要获得职场好人缘，摆平心态摆正态度很重要，与所有的同事站在同一条战线，心平气和、和蔼可亲地向每一个人轻声说话，才是真正有效的方法。

温柔得体、彬彬有礼的办公室女人谁人能抗拒呢？

你是不是会常常觉得在办公室里头当一位"消息灵通人士"是很拉风的一种感觉呢？你希望借助这样的一种形象来增加自己

的魅力值吗？这样的想法或许不错，但问题在于，你是怎么传递信息的？

美国职场心理专家就曾专门应对这种想法提出这样的意见：在办公室中经常传递负面信息，往往起到吃力不讨好的效果。因为同事会因你提供的信息产生一定的负面情绪，而他们潜意识中，还会把这种情绪"移情"到消息传递人身上，这样一来，你在他们心中的印象就会变得阴暗、负面！

因此，尽量向同事传递正面信息，比如公司即将组织国外旅游，或节假日多放假一天等。至于那些减薪、裁员、缩减开支类的消息，就算你提前知道，也要保持缄默，这种负面信息，还是等公司高层公事公办地向大家宣布吧！

在掌握了"黄金一分钟"，保持了"新鲜感"，兼顾了"温柔得体、彬彬有礼"，把握了"审时度势"的程度之后，还有一点你千万不要忽略，那就是"自嘲"。

假想一下，你拿下了一单大 Case，老板感到非常的满意，在庆功酒会上，他不住地夸奖你、表扬你，逢人就说你的业绩如何的出众，这时候的你该如何表现？是沾沾自喜的自我陶醉？还是迫不及待地向大家展示炫耀着自己？又或者……

假若你真有机会身临其境的时候，最好的方法是：收起你的锋芒，以自嘲的口吻向同事们说："哎呀，我的运气真好，又捡到一个大便宜了！"

因为你知道吗？就算你和同事的关系再亲密，你们之间永远也是竞争关系，你要深谙有女人的地方就会有嫉妒，你唯有在自己成功的时候学会"自嘲"，才能让对方感觉心里好受，你也才能真正成为大家心目中口服心服的"精致女子"。

不要忽略你

视觉以外的细微，因为它们一直都在

你是个经常忽略细节的人吗？

那些我们生活中这样那样的细节，是极细微、极不显眼的，几乎是一闪而过的种种。

对于这样的细节，你会抱着一种什么样的态度去看待呢？

在如今这个繁忙的社会之中，工作、生活对于人们的要求往往会越来越高。家庭的负担、工作的压力、人际关系的繁复……林林总总地交错着、存在着，让你应接不暇，并且因此而来去匆匆，自觉很多的事情无法顾及，很多的细节被就此忽略。

然而，这并不是一件好事。千万不要忽略你视觉周围的、以

外的细微，因为一个女人要想在事业上、在生活上有所建树，这些细微如果能够好好地得到注意，往往能帮助你得到事半功倍的效果。

比如，尽快地学习那些与自己兴趣、爱好、工作、生活相关的技能与知识。因为这些知识与我们原先在校园所学到的有所不同。说到底，学校里通过书本学到的都只是死知识，而我们在生活、工作之中都是需要加以实践才能够明白的。无论你想干一件什么事、想完成一项什么样的工作、想实现一个什么样的梦想，你都必须进行事前的准备工作，而这些准备工作，就是学习。

1920 年初夏，林徽因随着父亲来到了欧洲。在这期间，一有机会她总爱跟着女房东一起外出游玩。

女房东是一位建筑师，林徽因跟着她一起写生、作画。在与女房东的交谈过程中，林徽因知道了建筑师与盖房子的人的本质区别，懂得了建筑与艺术之间的密不可分的相互关系。在学习到了这些平日里头极少接触到的知识之后，林徽因再用这样的眼光去回想她在国内外看到过的种种建筑物、庙宇、殿堂，她忽然发现自己对这些建筑有了不同于往常的理解和感受。这样的发现，让她萌生了对未来事业的追求热情和愿望。

你有"现代拖延症"吗？你经常会拖着手头的工作或者事

情，迟迟不见提起兴致和动力来将它解决吗？如果有，那你应当警惕了。因为在"时间就是金钱"的现代社会里，这样拖延着工作不想完成，没有时间观念的人并非是能够得到别人欢迎的人。这一点，男人与女人都是一样的。

一件事情、一项工作从一开始到完成，必定有其所事先预定的时间。而作为遇见这件事情、接到这项工作的你，在预定的时间内将它完成，也是一种必需的责任。

1949 年 9 月，接受了国徽设计任务之后的林徽因便开始一系列马不停蹄地忙碌了。为了能在既定的时间内完成设计，她将自己的生活安排得满满的，一刻都不得空闲，每一天、每一小时、每一分钟都容不得一丝一毫的浪费，她常常一连数日通宵达旦地工作着。

在林徽因的家中，遍地的图纸满满地铺着，近乎连个落脚的地方都没有。本来身体已经是极度虚弱的她靠在枕头上在病床上特别设置的小机上作图，累了、支持不住了，就躺下去喘息一阵，然后又赶紧起来接着画。

如此辛苦的工作以及病痛的折磨，并没有难倒林徽因，面对着自己的病痛，她没有逃避、没有沮丧，她毫不犹豫地豁出去了。

每逢有人问及身体的状况，林徽因总是用自嘲和笑声来作为掩饰。因为在那时，在她和她的工作小组每一个人的眼中，即将设计出来的国徽就是他们的信仰和生命，所以，自己的困苦和病痛又算得了什么呢？

无论如何，
都让自己保持一个最佳的状态吧

人生在世，压力自然是你一定得遇见的、无法避免的状况。当压力达到了极限，我们就常常会产生出一种由心而发的倦怠，这是很不好的事情，因为这些你我无法摒除的倦怠，必将会严重影响我们的身心健康和工作、生活质量。所以作为女人，请一定记住要时刻让自己保持一种积极乐观的生活态度和人生观，用一些自己可以做到的、力所能及的小事情来为自己解压，让自己的心情快乐起来，让自己始终保持一个最佳的状态。

1937年7月29日，北京沦陷，日军分三路入城。

八月份的一天，梁思成忽然收到了一封署名为"东亚共荣协会"的请柬，邀请他参加日本人召集的一个会议。这样的请柬表明，林徽因和梁思成夫妇俩原先一直担心的事情发生了，日本人已经开始打梁思成的注意了。他们夫妇俩当即决定，尽快离开北京。

1938 年 1 月，在经过一番匆忙辛苦的长途跋涉之后，受尽了磨难的林徽因一家人终于到达了昆明。但是尽管格外的艰辛，一路上的林徽因并没有失去期望；尽管一路奔忙，但她的心，却一直和祖国的安危维系在一起，始终坚信希望、美好、胜利必在明天。

后来金岳霖在给费正清的信中，也曾经这样谈及林徽因："……仍然是那么迷人、活泼、富于表情和光彩照人——我简直想不出更多的话来形容她。唯一的区别是她不再很有机会滔滔不绝地讲话和笑，因为在国家目前的情况下，实在没有多少可以讲述和欢笑的。"

龙泉镇龙头村位于昆明东北二十公里处，因为这里地处郊外，风景如画，又没有军事目标，可以说是一处安全的所在，于是林徽因一家人和其他的朋友们，以及历史语言研究所、清华大学文科研究所、营造学社都纷纷搬到了这里。

当时许多西南联大的教授也纷纷来到这里择址盖房，林徽因和梁思成也在这里盖了一所三居室加一间厨房的住宅。为了节省开支，到了最后阶段，为了每一块木板、每一根钉子他们费劲了周折。为了节省一点工钱，梁思成亲自当起了木工和水泥匠，林徽因则和孩子么一起运料、打下手。虽然很累、很辛苦，可是，作为两位建筑师一生之中唯一一所为自己设计建造的一所房子，林徽因依旧感到十分的快乐、十分的喜欢。甚至，金岳霖还在在旁边加盖了一间"耳房"，他们十分开心地说："北总布胡同集团又集合齐了！"

其实快乐有时候来得一点儿都不困难，只要你能够随时为自己保持一份乐观美好的心态。乐观，不是心灵空虚者的狂妄，不是冒险家孤注一掷的投机，而是梦想之树在心灵土地上扎的根。

说到底我们每一个人的人生需要表现，生活需要表现，于是我们都应该时刻相信，就在下一秒之中，肯定会有一些闪光的浪花从生活的长河中跃出，让生活从此变得更加美好。

1947年夏天，林徽因病情加重了，为了她的健康和生命安全，医生建议她手术摘除被结核病菌感染的一侧肾。10月初，她住进医院进行手术前的全面检查。

病房之中，她是这样给好友费慰梅写信的：

我应当告诉你我为什么到医院来。别紧张，我只是来做个全面体检，做一点小修小补——用我们建筑术语来说，也只是补几处漏顶和装几扇纱窗。昨天下午，一整队实习和住院大夫来彻底检查我的病历，就像研究两次大战史一样。我们（就像费正清常做的那样）拟定了一个日程，就我的眼睛、牙齿、肺、肾、饮食娱乐和哲学建立了不同的分委员会，巨细无遗，就像探讨今日世界形势的那些大型会议一样，得出了一大堆结论。同时许多事情也在着手进行，看看都是些什么地方出了毛病，用上了所有现代手段和技术知识。如果结核菌现在不合作，它早晚也得合作，这就是其逻辑。

……这医院是民国初年建的一座漂亮建筑：一座"袁世凯式"、由外国承包商盖的德国巴罗克式四层楼房！我的两扇朝南的狭长的前窗正对着前庭，可以想象1901年时那些汽车、马车和民初的中国权贵们怎样装点着那水泥铺成的巴罗克式的台阶和通道。

林徽因在信中展现的正是一份美好而乐观的心念，无论自己如何，她都时时刻刻在努力用自己的放松与乐观去鼓励自己、鼓励朋友，鼓励着每一位需要鼓励和帮助的人们。

为了梦想

而拼搏永远是最美的

　　1941 年天津那一场突如其来的大水，淹没了整整的一座城，更是几乎把梁思成和林徽因夫妇俩战前存放在银行地下室里的建筑考察资料都浸毁了。想想那曾经无数个日日夜夜的心血凝结而成的宝贵成果毁于一旦，林徽因和梁思成心里头一片伤痛和惋惜。

　　但是对于心怀梦想地他们来说，这样的意外，有哪能够阻止到他们继续前行的脚步呢？于是当时正在李庄的林徽因和梁思成决定，一定要不惜任何代价着手撰写《中国建筑史》以及用英文撰写说明并绘制一部《图像中国建筑史》。

当然，这绝非是一件很简单的事情，大量的资料、调查、总结、绘制……随着他们编撰工作的开始，大量的工作也随之席卷而来。在如此超负荷的工作面前，梁思成的脊椎病复发了，为了能够更好地支撑下去，在写作的时候，他甚至要用一只玻璃瓶垫住自己的下巴，以达到支撑身体的作用。

林徽因的身体状况就更加的糟糕了。她常常动不动就大口大口地咳血，身体虚弱得几乎无法坐立，大部分时间只能在床上靠着被子半躺半坐。不过这些都统统不能影响到她的决心。她支撑着身体，阅读、学习、研究、书写、总结……

金岳霖当时说过一句话，词汇之中无不流露着他对林徽因的关切与担心。他说："（林徽因）全身都浸泡在汉朝里了，不管提及任何事情，她都会立刻扯到那个遥远的年代去，而靠她自己是永远回不来的。"

1942 年年底，从重庆到李庄探望林徽因之后的费正清给他的夫人费慰梅所写的一封讲述林徽因夫妇撰写《中国建筑史》的情况的信笺是这样说的：

思成的体重只有四十七公斤，每天和徽因工作到夜半，写完十一万字的《中国建筑史》，他已透支过度。但他和往常一样精力充沛和雄心勃勃，并维持着在任何情况下都像贵族一样的高贵和斯文。

肺病缠身的林徽因全然忘我的投入在工作中，承担了《中国建筑史》全部书稿的校阅，并执笔写了书中的第七章五代、宋、辽、金部分。这一章是全书的主干，共有七节，分别为：五代汴梁之建筑；北宋之宫殿苑囿寺观都市；辽之都市及宫殿；金之都市宫殿佛寺；南宋之临安；五代、宋、辽、金之实物；宋、辽、金建筑特征之分析。她介绍了宋、辽、金时代，中国宫室建筑的特点和制式，以及宗教建筑艺术，中国塔的建筑风格，辽、金桥梁建设，乃至城市布局和民居考证。仅是中国的塔，她就列举了苏州虎丘塔、应县木塔、灵岩寺辟支塔、开封佑国寺铁色琉璃塔、涿县北塔及南塔、泰宁寺舍利塔、临济寺青塔、白马寺塔、广惠寺华塔、晋江双石塔、玉泉寺铁塔等数百种。细心地研究了它们各自的建筑风格、特点、宗教意义，成为集中国塔之大成的第一部专著。

另外，林徽因还以翔实的资料，分析了中国佛教殿宇的建筑艺术，对正定县文庙大成殿、山西榆次永寿寺雨华宫、辽宁以县大奉国寺大殿、山西五台佛光寺文殊殿、正定龙兴寺摩尼殿和转轮藏殿、宝坻广济寺三大士殿、山西大同华严寺薄伽教藏及海会殿、善化寺大雄宝殿、河北易县开元寺毗卢、观音、药师三殿、少林寺初祖庵大殿、山西应县净土寺大雄宝殿、河南济源奉仙观殿、江苏吴县玄妙观三清殿等殿宇的建成年代、廊柱风格、斗拱结构、转角铺作诸方面进行了论证与分析。这些都是前人没有做过的事情。

《中国建筑史》成书于 1944 年，它的问世，彻底结束了没有中国人写的《中国建筑史》的缺憾，更进一步纠正了西方人对中国建筑艺术的偏见以及无知。

看到这样的文字记载，你又是作何感想呢？

是啊，在我们的生活之中，从来最不缺少的，就是对于理想和未来的豪言壮语。

我们每一个人心中都有一番对于自己、对于未来的想法和憧憬，正如这个世界上的很多人一般，曾经豪言壮语地说要奋斗一番、要狠一次；还有些人原本一早就做好远行的准备，打着背包，信誓旦旦地说自己从来都是时刻准备着要出发的，但是当某一天他真的站在人生与抉择的十字路口的时候，看着身后的一地温暖以及安逸，想着前方未知处的艰辛之时，他忽然感到迷惑、彷徨了。该不该做呢？要不要继续呢？值不值得坚持呢？于是终究还是有人选择了放弃前方，回到原点。

想想以上的林林总总，然后再和林徽因的坚持与拼搏做一番好好地比较吧。对于那些轻易放弃自己梦想与努力的人，只想提一个这样的疑问：当你亲手将曾经深深扎根在心中的梦想连根拔起的时候，是否有过那么一丝一毫的舍不得呢？

当然也不应该一概而论的，毕竟每个人都有属于自己的人生和际遇，每个人都有权力去定义自己想要的、与众不同的生活，比如有人喜欢安逸，有人喜欢探险，有人喜欢继续维持现状，有人喜欢不断挑战自我……这些都是极为珍贵，极为色彩斑斓的。

但是不管如何，每一位愿意为了梦想而全力拼搏的女人，都是最美的。

第十章　红尘梦，点点智慧心

每一个人的人生，都必会经历酸、甜、苦、辣、爱、恨、情、仇的，在这些林林总总的面前，你千万不要逃避，无论如何都请昂起骄傲的螓首吧，因为唯有每一种境况、每一种感觉都品尝过了，你才能领略一番生命的精深博大与美好神奇。

一路红尘里的点点滴滴，都是值得铭记的。在梦想与学习、逆境与坚持、生活与现实、情感与人生、喜悦与悲伤……种种界限与境况之中，林徽因给我们留下许多极有意味的话语，字里行间都无不透露着这位民国最富魅力的精致女人的智慧结晶。这些句子，值得你我永恒铭记，因为不管如何，它将鞭策着我们时时共勉，做一个如同林徽因般的精致女人。

关于梦想与追求：

"我曾跟着父亲走遍了欧洲。在旅途中我第一次产生了学习建筑的梦想。现代西方的古典建筑启发了我，使我充满了要带一些回国的欲望。我们需要一种能使建筑物数百年不朽的良好建筑理论。"

"活在这非常富于刺激性的年头里，我敢喘一口气说，我相信一定有多数人成天里为观察听闻到的，牵动了神经，从跳动而有血裹着的心底下累积起各种的情感，直冲出嗓子，逼成了语言到舌头上来。这自然丰富的累积，有时更会倾溢出少数人的唇舌，再奔迸到笔尖上，另具形式变成在白纸上驰骋的文字。这种文字便全是我们这个时代的出产，大家该千万珍视它！"

关于逆境与坚持：

"站在讲台上，面对着我的学生，我才能暂时忘掉身体的不适。"

"经验是可宝贵的，但是有价值的经验全是苦痛换来的，我在这三年中真是得到了不少的阅历，但也够苦了。经过了好些的变励的环境和心理，我是如你所说的老成了好些，换句话说，便是会晤了从青年的 idealistic phase 走到了成年的 realistic phase，做人便这样罢。Idealistic 的梦停止了，也就可以医好了许多 vanity，这未始不是个好处。"

关于生活与现实：

"凡是在横溢奔放的情感中时，我便觉到抓住一种生活的意义，即使这横溢奔放的情感所发生的行为上纠纷是快乐与苦辣对渗的性质，我也不难过不在乎。我认定了生活本省原质是矛盾的，我只要生活；体验到极端的愉快，灵质的，透明的，美丽的近于神话理想的快活，以下我情愿也随着赔偿这天赐的幸福，埋在悲痛，纠纷，失望，无望，寂寞中挨过若干时候，好像等自己的血来在创伤上结痂一样！一切我都在无声地忍受，默默地等天来布置我，没有一句话说！"

"生活必须体验丰富的情感，把自己变成丰富，宽大，能优容，能了解，能同情种种'人性'，能懂得自己，不苛责自己，也不苛责旁人，不难自己以所不能，更不愿运命或是上帝，看清了世界本是各种人性混合做成的纠纷，人性又就是那么一回事，脱不掉生理、心理、环境习惯先天特质的凑合！"

"无论哪一个巍峨的古城楼，或一角倾颓的殿基的灵魂里，无形中都在诉说，乃至于歌唱，时间上漫不可信的变迁，由温雅的儿女佳话，到流血成河的杀戮。"

关于情感与人生：

"如果在'横溢情感'和'僵死麻木的无情感'中叫我来拣一个，我毫无问题要拣前面的一个，不管是为自己还是为别人。人活着的意义基本的是在能体验情感。能体验情感还得有智慧有思想来分别了解那情感——自己的或别人的！"

"我们今天所叫作生活的，过后它便是历史。客观的无疑我们彼此所熟识的艰苦正在展开一个大时代，所以别忽略了我们现在彼此地点点头。且最好让我们共同酸甜的笑纹，有力地，坚韧地，横过历史。"

关于喜悦与悲伤：

"思索时许多事，在思流的过程中，总是那么晦涩，明了时自己都好笑所想到的是那么简单明显的事实！此时我拭下额汗，差不多可以意识到自己口边的纹路，我尊重着那酸甜的笑，因为我明白起来，它是力量。"

附录一　林徽因年表

1904 年　1 岁

6 月 10 日林徽因出生于杭州市，祖父林孝询，清代翰林。

父林长民授业于林纾，毕业于日本早稻田大学，专攻政治法律。辛亥革命后历任国务院参议、司法总长、国宪起草委员会委员长等职，为民初立宪派重要人物，善诗文、工书法。

1925 年受聘于奉军将领郭松龄为幕僚长，同年 12 月在张作霖击溃郭松龄部队时，被乱军流弹击中遇难。

1909 年　5 岁

林徽因随祖父母、姑母等迁居蔡官巷一宅院，由大姑林泽民发蒙读书。

1910 年　6 岁

林长民毕业于早稻田大学，他善诗文、工书法，回国以后与同学刘崇佑创办了福州私立政法学堂，并担任校长。

1911 年　7 岁

林徽因的祖母游氏因为心脏病发作逝世于杭州。

同年，武昌起义之后，林长民赴上海、南京、北京等地宣传辛亥革命。

1912 年 8 岁

1 月 1 日，南京临时政府成立，林长民为福建代表，任参议院秘书长，并与汤化龙等人在上海发起组织"共和建设讨论会"；

4 月 13 日，正式成立"共和建设讨论会"，拥在日的梁启超为领袖，电其归国；

10 月 27 日，将"共和建设讨论会"、国民协会等团体合并，林长民参与组织民主党；

同年，林徽因随祖父移居上海，入读爱国小学二年级。

1913 年 9 岁

林长民被选为众议院议员，任秘书长。母亲何雪媛（1882 年～1972 年，林长民第二夫人，浙江嘉兴人）带妹妹麟趾（后夭折）去北平，住前王公厂旧居，徽因留沪。

同年，林长民与第三夫人程桂林（上海人）成婚，一说 1912 年。

1914 年 10 岁

同年，林长民任北京政府国务院参事，全家迁居北京。

同年，祖父林孝恂因胆石症病逝。

同年，二娘程桂林生妹燕玉。

255

1915 年　11 岁

二娘程桂林生弟桓（后任美国俄亥俄美术学院院长）。

1916 年　12 岁

4 月，袁世凯称帝后，全家迁居天津英租界红道路，林长民仍留北京。

5 月，林长民去津，又同二娘程桂林回京。

同年秋天，举家由津返京。

9 月，在梁启超支持下，林长民参加并组织"宪法研究会"。

同年，林徽因与表姐们同入英国教会办的培华女子中学读书。

1917 年　13 岁

张勋复辟，全家迁居天津，唯徽因留京。后徽因同叔叔林天民至津寓自来水路，诸姑偕诸姊继至。林长民由宁归，独自回京。

7 月 17 日，因支持段祺瑞讨伐张勋复辟，林长民被任命为司法总长

8 月，举家由津返京。

11 月 15 日，"安福系"崛起，林长民不再受重视，辞司法总

长之职。

1918 年　14 岁

3 月 24 日，林长民与汤化龙、蓝公武赴日游历。家仍居北京南长街织女桥。林徽因自信能编字画目录，及父归，阅之以为不适用，颇暗惭，但林徽因料理家事，屡得其父褒奖。

同年，林徽因认识梁启超之子梁思成。

同年，成立国际联合协会中国分会，林长民是发起人之一，任协会总干事，为国联事务常住欧洲。

1919 年　15 岁

同年，林长民任巴黎和会观察员，著书立说，抨击亲日派，反对日本继承德国在华权益。

同年，二娘程桂林生弟暄。

1920　16 岁

4 月林徽因随父赴欧洲游历，父女二人卜居伦敦，受房东英国建筑师的影响，立志学建筑。

7 月林徽因随父游历巴黎、日内瓦、罗马、柏林、法兰克福、布鲁塞尔等地。

9 月回伦敦，并考入圣玛利女校（St. Mary's College）学习。

9 月 24 日，徐志摩由美国进入英国。

10 月上旬，林徽因与在伦敦经济学院上学的徐志摩初次相遇。

1921 年　17 岁

8 月，林徽因随柏烈特全家赴英南海边避暑。林长民独居伦敦。

9 月 14 日，租屋期满，因归期延至 10 月 14 日，林徽因借住柏烈特家，林长民住他处。

10 月 14 日，林徽因随父由英赴法，乘"波罗加"船归国。

11、12 月间，林长民、林徽因抵上海，梁启超派人接林徽因回北京，仍进培华女中读书，林长民暂居上海。

1922 年　18 岁

3 月，徐志摩赴柏林，经金岳霖、吴经熊作证，与张幼仪离婚。

同年春天，林徽因、梁思成婚事"已有成言"，但未定聘。

9 月，徐志摩乘船回国，10 月 15 日抵达上海，不久北上来京，林徽因、徐志摩暂告不欢。

1923 年 19 岁

在培华女中读书。

同年春天，新月社在西单石虎胡同七号成立，林长民、林徽因等参加并祝贺。

5 月 7 日，梁思成带梁思永骑摩托车去追赶"国耻日"游行队伍，至南长街口被一大轿车将左腿撞断，住协和医院，彼时林徽因到医院探望。7 月出院后，终身留下残疾。

同年，林长民任宪法起草委员会委员，曹锟贿选总统时，他在沪参与反直运动。

同年，林徽因经常与表姐王孟瑜，曾语儿参加新月社俱乐部文学、游艺活动。

同年，林徽因毕业于培华女中，并考取半官费留学。

1924 年 20 岁

印度诗人泰戈尔访华，4 月 23 日到北京。文学界在天坛草坪上开欢迎会，泰戈尔发表演讲，林徽因担任翻译。

5 月 8 日，新月社在北京协和大礼堂举办的晚会庆祝泰戈尔 64 岁生日。晚会上，用英语演出泰戈尔著名抒情诗剧《奇德拉》，林徽因饰公主奇德拉，徐志摩饰爱神玛达那，林长民饰春神代塔森，梁思成担任布景。

6月，林徽因、梁思成同去美国宾夕法尼亚大学留学，梁入建筑系。因建筑系不招收女生，林徽因改入该校美术学院，但选修建筑系课程。

9月，结束康校暑期课程，林徽因、梁思成同往宾夕法尼亚大学就读。

同月，梁思成母亲李惠仙病故。

1925年 21岁

在宾大学习。

1月18日，林徽因与闻一多等在美参加"中华戏剧改进社"。

11月22日，郭松龄在滦州倒戈反奉，通电反对张作霖，林长民受邀为"东北国民军"政务处长。

12月24日，郭部兵败，林长民被流弹击中身亡，年49岁。

1927年 23岁

林徽因毕业于宾夕法尼亚大学美术学院，获学士学位，下半年入耶鲁大学戏剧学院，在 G. P. 帕克教授工作室学习舞台美术设计6个月。同年，梁思成以硕士学位毕业于宾夕法尼亚大学建筑系。

在1926～1927两年中，林徽因被聘为建筑系兼职建筑设计助理教师和美术系兼职设计指导老师。在读书期间，还获得学生圣诞卡设计比赛第一名。

1928 年　24 岁

3 月，林徽因与梁思成在加拿大渥太华结婚。婚后，4 月至 8 月与梁思成共同到英国、瑞典、挪威、德国、瑞士、意大利、西班牙、法国考察建筑。梁思成回国后即往东北大学出任建筑系主任、助理教授；林徽因则回福州探亲，她祖籍福州，故自称福建闽侯人。林徽因回闽侯期间曾应乌石山第一中学之邀，为该校学生讲演，题目为《建筑与文学》；仓前山英华中学亦请她作题为《园林建筑艺术》的讲演。

11 月，梁启超病重住院，梁思成、林徽因赶赴北京。

1929 年　25 岁

林徽因任教于东北大学建筑系，讲授《雕饰史》和专业英语。是年，张学良出奖金征集东北大学校徽图案，林徽因设计的"白山黑水"图案中奖。

与梁思成共同设计辽宁锦州交通大学分校（后毁于战争）。

女儿梁再冰出生。

1930年 26岁

由梁思成、陈植、童寯、蔡方荫营造事务所完成吉林大学设计，林徽因参加。

秋，徐志摩到沈阳，劝林徽因回北平治病。

12月，林徽因肺病日趋严重，协和医院大夫建议到山上静养。

1931年 27岁

3月，林徽因到香山双清别墅养病，先后发表诗《那一晚》《谁爱这不息的变幻》《仍然》《激昂》《一首桃花》《山中一个夏夜》《笑》《深夜里听到乐声》《情愿》及短篇小说《窘》。

4月，梁思成应邀到北京，任中国营造学社参校法式主任，林徽因应邀参校。是年4月，她写了第一首诗《谁爱这不息的变幻》，用"徽音"笔名发表于《诗刊》第二期。同年，还写了《笑》《情愿》等诗发表在《诗刊》，6月，短篇小说《窘》发表在《新月》三卷九期。有徐志摩引见金岳霖，从此与金岳霖结下了深厚的友谊。

9月，梁思成、林徽因应朱启钤聘请，离开东大，到中国营造学社供职。梁任法式部主任，林为"校理"。

11月19日，林徽因在协和小礼堂为驻华使节讲中国古代建筑。

同日，徐志摩为听林徽因学术报告，乘机遇雨触济南党家庄开山身亡。

11 月 22 日，林徽因、梁思成得悉徐志摩坠亡，即以铁树、白花编制小花圈，梁思成遂与金岳霖、张奚若赶到徐遇难处处理后事。

同月，由林徽因等主持，在北平为徐志摩举行追悼活动。

12 月 7 日，发表散文《悼志摩》。

1932 年 28 岁

元旦、正月初一，分别两次致胡适信。

6 月中旬，林徽因再次到香山养病。

夏天，林徽因、梁思成去卧佛寺、八大处等地考察古建筑，并发表《平郊建筑杂录》。

7 月至 10 月，作诗《莲灯》、《别丢掉》、《雨后天》。

8 月，子从诫生。意为纪念宋代建筑学家李诫。

同年，在一次聚餐时林徽因结识美籍学人费正清、费慰梅夫妇。

1933 年 29 岁

同年，林徽因参加朱光潜、梁宗岱举办的文化沙龙，每月集会一次，朗诵中外诗歌和散文。

秋，林徽因与闻一多、余上沅、杨振声、叶公超等筹备并创办了《学文》月刊。

9月，林徽因同梁思成、刘敦桢、莫宗江去山西大同考察云冈石窟。

10月7日，发表散文《闲谈关于古代建筑的一点消息》。

11月，林徽因同梁思成、莫宗江去河北正定考察古建筑，发现并测绘宋辽古建筑十余处。

11月18日，发表诗《秋天，这秋天》。

同月，林徽因请萧乾、沈从文到北总布胡同谈《蚕》的创作。

12月，作诗《忆》。

1934年　30岁

梁思成、林徽因建筑事务所完成北京大学地质馆设计。

年初，为叶公超主编的《学文》月刊一卷二期设计了富有建筑美的封面。

1月，由梁思成著《清式营造则例》出版，该书第一章绪论为林徽因撰写。

2月、5月，发表诗《年关》《你是人间四月天》，小说《九十九度中》。

8 月，林徽因与梁思成、费正清夫妇去晋汾地区，发现古建筑四十余处。

夏天，林徽因、梁思成同费正清夫妇、汉莫去山西汾阳、洪洞等地考察古建筑。

9 月 5 日天津《大公报》文艺副刊发表散文《窗子以外》，此文曾选入西南联大编的国文课本。

10 月，应浙江省建设厅之邀与梁思成、刘致平到杭州商讨六和塔重修计划。此次又测绘和鉴定了杭州、金华等地 5 处古建筑。

1935 年　31 岁

3 月，林徽因与梁思成合著《晋汾古建筑预查纪略》一文。

6 月，发表诗《吊玮德》，短篇小说《模影零篇：一、钟绿，二、吉公》。

10 月，作诗《灵感》《城楼上》。

11 月 19 日，发表散文《纪念志摩去世四周年》。冬，林徽因经常与费氏夫妇到郊外练习骑马。

1936 年　32 岁

该年，是林徽因身体最健康，创作力最旺盛的时期，发表了不少诗歌，并编辑《大公报文艺丛刊·小说选》。

5月与梁思成去洛阳，考察龙门石窟。并率刘致平、麦俨增等测绘北海静心斋。

6月与梁思成去山东中部11个县及河南开封考察古建筑。

10月，由平津各大学及文艺界人士发起签署《平津文化界对时局的宣言》，向国民政府、行政院、军事委员会提出抗日救亡八项要求。林徽因是文艺界发起人之一。

1937年　33岁

同年，林徽因发表了《红叶里的信念》《十月独行》《时间》《古城春景》《前后》《去春》等诗歌，并发表话剧《梅真同他们》第一、第二、第三幕，短篇小说《模影零篇：四、绣绣》。

同年夏天，林徽因、梁思成应顾祝同邀请，到西安做小雁塔的维修计划，同时还到西安、长安、临潼、户县、耀县等处作古建筑考察。

7月梁思成、林徽因刚从西安回京，即去山西五台山等5个县调查古建筑，林徽因意外地发现榆次宋代的雨花宫及唐代佛光寺的建筑年代。

7月12日，林徽因一行到代县，得知发生"卢沟桥事变"，于是匆匆返回北平。

8月，林徽因一家从天津乘船去烟台，又从济南乘火车经徐州、郑州、武汉南下，9月中旬抵长沙。

11月下旬，日机轰炸长沙，林徽因一家险些丧生。不久，他们离开长沙，经常德、晃县、贵阳、镇宁、普安、曲靖到昆明。

1938年　34岁

1月，林徽因一家住昆明翠湖前市长巡律街住宅，不久，莫宗江、陈明达、刘志平、刘敦桢也到昆明，经与中美庚款基金会联系，组建营造学社西南小分队。

同年，为云南大学设计学生宿舍。

同年，作诗《昆明即景：一、茶铺，二、小楼》。

1939年　35岁

年初，因日机轰炸，林徽因一家搬至郊区龙泉镇麦地村。

2月5日，发表散文《彼此》。

6月28日，发表诗《除夕看花》。

冬，梁思成、刘敦桢等去云南、四川、陕西、西康等地作古建筑考察，林徽因为云南大学设计女生宿舍。

同年，梁思成患脊椎软骨硬化症，林徽因忙于护理。

1940 年　36 岁

初冬，营造学社随史语所入川，林徽因一家亦迁四川南溪县
李庄镇上坝村。不久，林徽因肺病复发，从此抱病卧床四年。

1941 年　37 岁

在李庄镇。

春，三弟恒在对日作战中身亡。

1942 年　38 岁

在李庄镇。

春，作诗《一天》。

同年，梁思成接受国立编译馆委托，编写《中国建筑史》，
林徽因为写作《中国建筑史》抱病阅读二十四史，作资料准备。
她写了该书的第七章，五代、宋、辽、金部分，并承担了全部书
稿的校阅和补充工作。

11 月 4 日，费正清、陶孟和从重庆溯江而上，去李庄访问林
徽因、梁思成。

1943 年　39 岁

带病搜集有关辽、宋建筑史资料

1944 年　40 岁

在李庄镇。

作诗《十一月的小村》《忧郁》。

是年，费慰梅到李庄访问林徽因。

1945 年　41 岁

抗日战争胜利后，梁思成接受清华大学的聘请，在李庄等待清华复校工作就绪后动身回北平。

同年，林徽因发表《现代住宅设计的参考》。

1946 年　42 岁

2 月，林徽因在费慰梅陪同下乘机去昆明拜会西南联大校长梅贻琦，建议清华大学增设建筑系，住唐继尧后山祖居一座化园别墅，与张奚若、钱端升、金岳霖等旧友重聚。

7 月 31 日，同西南联大教工由重庆乘机返回北平。为清华大学设计教师住宅。

10 月，梁思成应聘赴美耶鲁大学作访问教授。

11 月 24 日，发表散文《一片阳光》。

同年，作诗《对残枝》《对北门街园子》。

1947 年　43 岁

林徽因带头组织工艺美术设计组，接受校外的设计任务，以解决学生经济负担问题。

夏，饱经欧战浸染的萧乾，由上海来清华园探望林徽因，二人长谈七年来各自的经历。

同年，作诗《给秋天》《人生》《展缓》《病中杂诗·小诗（一）、小诗（二）、写给我的大姊、恶劣的心绪》。

12 月，林徽因做肾脏手术。

1948 年　44 岁

2 月 18 日，作诗《我们的雄鸡》。

2 至 5 月，发表诗《空虚的薄暮》《昆明即景》《年青的歌》《病中杂诗九首》《哭三弟恒》。

11 月，国民党当局迫使北平高校南迁。清华园展开反迁校斗争，林徽因说："我们不做中国的'白俄'。"

12 月 13 日，清华园解放了。解放军包围北平期间，梁思成给围城部队绘制了北平市内重点保护文物古迹地址。应解放军之请，林徽因还协助梁思成编写了《全国重点文物古建筑目录》。

同年，大军攻城前夕，张奚若带两名解放军到林徽因家，请梁、林划出保护古建筑目标，他们为此深感新政权对他们的信任。

同年，叔林天民故。

1949 年　45 岁

林徽因受聘为清华大学教授，担任《中国建筑史》课程并为研究生开设《住宅概论》等专题课。

9 月 26 日，梁思成、林徽因和清华大学 10 位教授一道接受了为中华人民共和国设计国徽图案的任务。

1950 年　46 岁

6 月 23 日，全国政协大会一致通过清华大学设计的国徽图案。

9 月 20 日，中央人民政府毛泽东主席明令公布中华人民共和国国徽。

是年，林徽因被任命为北京市都市计划委员会委员兼工程师，她积极参与提出首都城市建设总体规划方案以及保护古都文物建筑的建议。

1951 年　47 岁

林徽因被任命为北京天安门广场人民英雄纪念碑建筑委员会

委员，参加纪念碑的设计修建工作，并担任为碑座设计纹饰和浮雕图案的任务。

同年，她与梁思成为《城市规划大纲》作序。

上半年，在林徽因的指导下，王其明、茹竟华完成了《圆明园附近清代营房的调查分析》论文。是年，她还应工艺美术界的邀请到濒临停业的景泰蓝、烧磁等工艺工厂调查研究，熟悉生产程序，为这个传统工艺品设计了一批具有民族风格的新式图案，并亲自参与测试；同时，还为工艺美术学院培养研究生。

1952 年　48 岁

应《新观察》杂志之约，写了十多篇关于古建筑的文章。

是年，参加中南海怀仁堂内部装修设计工作。

参加在北京召开的亚洲及太平洋区域和平会议，并在《新观察》杂志发表文章《和平礼物》。

与梁思成共同完成任弼时墓设计。

龙门联合书局出版林徽因、梁思成译《苏联卫国战争被毁地区之重建》一书。

1953 年　49 岁

10 月成立中国建筑学会，林徽因当选为第一届理事会理事，并担任《建筑学报》编辑，中国建筑研究会委员会委员。

1954 年　50 岁

林徽因与梁思成、莫宗江合写《中国建筑发展的历史阶段》。

6 月，被选为北京市人民代表大会代表。

这一年，林徽因身体已经极度虚弱，经常卧床。她所担任的《中国建筑史》课程，几乎一大半是躺在床上讲授的。

1955 年　51 岁

4 月 1 日上午 6 时 20 分，林徽因终因久病医治无效，在北京同仁医院逝世。遗体安放在八宝山革命公墓。墓碑上刻着"建筑师林徽因墓"。碑文下方是一块晶莹的汉白玉石，上面镌刻着一簇簇具有民族风格的花圈和饰带。这就是为人民英雄纪念碑雕饰试刻的一件样品。人们把这块刻样奉献给它的制作者——墓的主人，为她谱写了一篇罕见而独特的墓志铭。

附录二 参考文献

《费正清对华回忆录》——作者：费正清

译者：陆惠勒、陈祖怀、陈维益、宋瑜

出版、发行：知识出版社·上海

出版时间：1991－05

《林徽因传》——————作者：张清平

出版、发行：百花文艺出版社

出版时间：2007－08

《林徽因传——有你是最好的时光》

——作者：姜雯漪

出版、发行：中国华侨出版社

出版时间：2012－06

《林徽因与梁思成》———作者：费慰梅

译者：成寒

出版、发行：法律出版社

出版时间：2010－12

《林徽因文集》————作者：林徽因

出版、发行：当代世界出版社

出版时间：2010－09

《林徽因：民国最忙的女神》——作者：江晓英

出版、发行：言实出版社

出版时间：2014－09

……

感谢百度、谷歌、360百科等各大中文文学网站。感谢每一位为我提出看法、建议的作家老师们。感谢作家江晓英女士为我提供的一系列相关的资料。感谢北京东方经纬文化有限公司的编辑老师们。感谢各位热心网友及林徽因爱好者们提供的各类相关文学资料、历史资料、诗词资料以及意见、见解。感谢每一位热爱文学、珍爱文字的读者。

热爱，是对中华传统优秀文化最好的传承。实现"两个一百年"奋斗目标、实现中华民族伟大复兴的中国梦从你我做起……

杨冬儿

于2015年5月17日正式完稿于汕头

—全文完—